# サービスデザイン
フレームワークと事例で学ぶサービス構築

山岡俊樹 編著

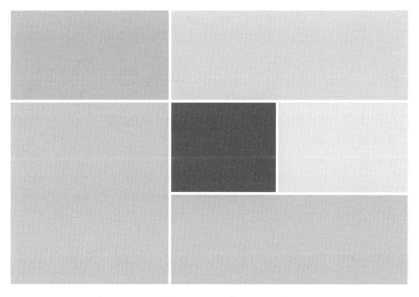

Service Design
A Construction and Evaluation Method of Service and the Examples

共立出版

# 執筆者一覧

| | | |
|---|---|---|
| 井出 有紀子 | NEC　SI・サービス市場開発本部　技術戦略部 | (23章) |
| 井登 友一 | インフォバーン株式会社　取締役執行役員 | (21章) |
| 今井 秀之 | ライオン株式会社　シニアフェロー | (20章) |
| 大島 陽 | Amisoy, LLC/ creative director, Art Center College of Design /Assistant Professor, USA | (コラム) |
| 小俣 貴宣 | ソニー株式会社 | (コラム) |
| 加藤 善裕 | 株式会社東芝　デザインセンター　デザイン第一部 | (17章) |
| 倉持 淳子 | シャープ株式会社　ブランディングデザイン本部 | (22章) |
| 小池 禎 | オムロンヘルスケア株式会社　デザインコミュニケーション部 | (14章) |
| 河野 泉 | NEC　事業イノベーション戦略本部　デザインセンター | (23章) |
| 白﨑 功 | 株式会社リリアム大塚　代表取締役社長 | (16章) |
| 森原 悦子 | Interface in Design, Inc. / InterfaceASIA president, USA | (コラム) |
| 八木 佳子 | 株式会社イトーキ　ソリューション開発本部 | (15章) |
| 山岡 俊樹 | 京都女子大学　家政学部　教授 | (1-13, 19章) |
| 横田 洋輔 | 富士通デザイン株式会社　サービス＆ソリューションデザイン事業部 | (18章) |

(五十音順，所属は執筆時，カッコ書きは執筆箇所)

# まえがき

　本書は 2014 年に上梓した拙著，『デザイン人間工学』（共立出版）の姉妹書である．『デザイン人間工学』は幅広いデザインと人間工学の知識を紹介しており，本書はこれらの情報を基に成立している．

　従来，デザインの対象が小規模で複雑でない場合が多く，その場合，一々面倒な方法を使わなくとも，ある程度直感で対応できた．プラスチック製のコーヒーカップをデザインする際，デザインしたい形状の試作品を作り，水を入れて飲みやすいか体験し確認すれば，事足りた．しかし，インタフェース部分が複雑になっている製品の場合，従来のようなデザイナーや企画者の直感，体験だけでは最適な解決案を出すのに困難となっている．本書で取り上げているが，押しボタンの形状をカッコがよいからといって，凸状のデザインにして良いのか？　若い人ならば，押しづらいという問題は顕在化しないかもしれないが，デザイナーの体験に基づく場合，その判断は絶対であろうか？　手に障害にある人，高齢者は凸状のボタンで満足するのか？　体験に基づくデザインの危険性を理解しなくてはならない．体験が悪いわけではないが，デザイナーや開発者が人間工学などの知識を持っているのが前提である．そうでないと，使い勝手などの問題を起こす可能性が高い．以上のような身体的体験ではなく，心理的な体験はどうであろうか？　同様の問題を孕んでいるので注意を要する．最終的に必要な能力は本書で紹介しているフレームワークと知識および経験に基づくデザイナーや開発者の目利き力であろう．

　サービスのような複雑な対象の場合，ロールプレイなどで接客面を体験し，改善してゆくのは良いことである．しかし，このような表面的なところに注力するのは悪いことではないが，これだけに留まるのではなく，より本質に迫り，従来に無いサービスを創造するのが一番大事である．物事，システムの本質に迫り，新しい価値を生むのがデザインである．デザインの世界が拡大した現在，サービスのような分野は誰がデザインをしても良いと考え

ている．デザインのトレーニングを受けた者だけの世界ではない．

　本書はこのようなスタンスから記述されている．デザインの世界が拡大し，サービスデザインという魅力ある，あるいはわが国の産業の中核にもなる領域に対して，参加，活用したい人々に対して，支援をするのが本書の使命でもある．

　本書の論点は以下の通りである．

①サービスデザインの世界は，誰でも参加できる世界である．

　コンピュータが人々の生活に入り込む以前の時代では，デザインの世界では特定のトレーニングを受けた者でないとデザイン作業ができなかった．ところがコンピュータというツールはそのような制約を無くしてしまった．特に，サービスデザインで一番重要なサービスシステムの骨組みを作る作業は，発想，論理の世界であり，誰でもが参加できる領域である．そして，本書の手法を活用すれば誰でも対応は可能であると考えている．

②属人的な手法を排し，システム的思考に基づく，論理的手法である．

　したがって，才能，センスなどと関係なく，学習をすれば誰でもマスターできるスタンスを採っている．例えば，鶴亀算のような属人的な方法でなく，方程式のような，ある手順に従ってゆけば解答できる方法である．作文も同様で，好きな子供は自分で工夫して実力をつけてゆくが，そうで無い子供はまったく書けないということになる．しかし，このような子供でも書く上での枠組みなどを教えれば，そこから発展してゆくことができる．つまり，書道，絵画，音楽，スポーツなどは何事も型から入り，それをマスターした後，飛躍するのである．サービスデザインも同様に考えている．

③発想，論理性の基となる幅広い知識を学んでほしい．

　人間工学，心理学，社会学などの知識が必要で，その内，人間―機械系を検討する人間工学が，一番関係が深いと言える．この人間工学系の知識を本書で紹介しているので学んでほしい．ただ，本書はサービスデザインに特化しているので，詳細は拙著『デザイン人間工学』や，より基本的事項が書かれた，拙編著『デザイン人間工学の基本』（武蔵野美術大学出版局，2015 年）を活用してほしい．

④発想は制約条件により効率的に行い，目利き力をつける．

　ワークショップや顧客との協創などが提唱されているが，その限界を考える必要がある．これらの手法により得られた知見に全面的に依存するのではなく，参考程度にとどめ，自力で発想できる目利き力をつける必要がある．本書で紹介している知識・フレームワークと体験により，その人なりの目利きの枠組みが構築される．この枠組みを何回も作り直してゆくと精度が高まり，目利き力となる．本書で紹介しているフレームワークと知識は目利き力を作るための基本である．

　本書の前半はサービスデザインの考え方やデザイン方法について書いてある．そして京都女子大学の2年，3年生が本書で紹介している汎用システムデザインプロセスを活用した事例を参考までに示した．後半は様々な企業の方にサービスデザインの活用例を紹介してもらっている．貴重な最新の実践例なので参考にしてほしい．

　なお，本書の内容一部は京都女子大学 宗教・文化研究所の研究助成によるものである．感謝を申し上げたい．

　最後に，本書の出版に際して，快く賛同をいただき，いろいろアドバイスをいただいた共立出版の日比野さん，杉野さんに厚く御礼を述べたい．

2016年5月吉日<br>
山岡　俊樹

まえがき......................................................... iii

## 理論編

### 1章　サービスデザインとは .................................... 2
- 1.1　デザインの歴史と様々なデザイン ............................ 2
  - ❶ サービスデザインに至るまでのデザインの歴史 ................ 2
  - ❷ サービスデザインについて .................................. 4
  - ❸ 機能中心，人間中心から価値中心の時代へ .................... 8
- 1.2　なぜサービスデザインなのか ................................ 11
  - ❶ サービスデザインの必要性 .................................. 11
  - ❷ 従来のデザイン方法 ........................................ 12
  - ❸ 新しい価値生成とサービスデザイン .......................... 14
- 1.3　システムアプローチによるデザイン（システムデザイン）...... 16
- 1.4　製品を機能別に分け，サービスとの関係を考える .............. 18
- 1.5　目利きが大事 .............................................. 21
- 参考文献 ...................................................... 22

### 2章　サービスとUX ............................................ 23
- 2.1　なぜUXなのか？ ............................................ 23
- 2.2　UX・ストーリーとサービス .................................. 24
- 2.3　UXの構造 .................................................. 26
  - ❶ UXの生成プロセス .......................................... 26
  - ❷ UXの下位構造 .............................................. 27
  - ❸ UXの上位構造 .............................................. 29
- 2.4　UXの蓄積 .................................................. 31
- 2.5　UXの流れ .................................................. 33

2.6　UXタスク分析 ........................................... 35
　参考文献 ................................................... 37

## 3章　製品とUX・ストーリー・感情の関係 ........................ 44
　3.1　システム，ヒト，環境と人とのやり取り ..................... 44
　　❶ UXにおけるやり取りの種類 ................................ 44
　　❷ UX（やり取り）の結果生まれる感覚の種類 ................... 45
　3.2　製品とUX，ストーリー，感情の関係 ........................ 46
　　❶ 4つのストーリー（物語） ................................. 46
　　❷ 感情について ........................................... 47
　　❸ 製品の3属性とUX/物語との関係 ........................... 48
　3.3　UXタスク分析からUX度，ストーリーを作る .................. 51
　　❶ UXタスク分析からストーリーを作る ......................... 51
　　❷ UXタスク分析からUX度を求める ............................ 52
　参考文献 ................................................... 52

## 4章　制約（枠組み）と制約条件 ............................... 53
　4.1　制約と制約条件とは ..................................... 53
　4.2　我々の思考，行動に制約を与える様々な制約 ................. 55
　　❶ 社会・文化・経済的制約 .................................. 56
　　❷ 空間的制約 ............................................. 56
　　❸ 時間的制約 ............................................. 57
　　❹ 製品・システムに関わる制約 .............................. 57
　　❺ 人間に係る制約（思考，感情，身体） ....................... 58
　4.3　システムに制約を与える5つの制約条件 ..................... 59
　4.4　制約条件の強弱 ......................................... 60
　4.5　制約条件に基づく発想法とデザイン方法 ..................... 61
　　❶ 制約条件に基づく発想手順 ................................ 62
　　❷ 制約条件に基づく発想を助ける項目 ......................... 66
　参考文献 ................................................... 67

## 5章　汎用システムデザイン方法 ... 68
- 5.1　汎用システムデザイン方法 ... 68
- 5.2　汎用システムデザインのプロセス ... 68
- 5.3　汎用システムデザインプロセスの活用 ... 73
- 参考文献 ... 74

## 6章　サービスの大まかな枠組み，システムの概要 ... 75
- 6.1　企業や組織の理念の確認を行う ... 75
- 6.2　大まかな枠組みの検討 ... 75
- 6.3　サービスシステムの目的，目標 ... 76
  - ❶ 目的を決める ... 76
  - ❷ 目標を具体化する ... 76
- 6.4　システム概要 ... 77
  - ❶ 人間と機械・システムとの役割分担 ... 78
  - ❷ 制約条件を検討する ... 78
  - ❸ 製品・システムなどの構成要素の明確化と構造化を行う ... 79
- 6.5　汎用システムデザインの事例紹介 ... 80
- 参考文献 ... 80

## 7章　サービスの要求事項 ... 83
- 7.1　観察方法 ... 83
  - ❶ マクロ的視点から観察する ... 83
  - ❷ ミクロ的視点から観察する ... 85
  - ❸ 人間を中心に観察を行う ... 87
  - ❹ 観察された事象の構造的把握 ... 87
  - ❺ 間接観察法について ... 88
- 7.2　インタビュー方法 ... 88
  - ❶ アクティブリスニング法 ... 88
  - ❷ 評価グリッド法 ... 89
- 7.3　タスク分析系 ... 90
  - ❶ UXタスク分析 ... 90

- **2** 3P タスク分析 .................................................. 90
- **3** 5P タスク分析 .................................................. 92
- 7.4　REM ............................................................. 93
- 7.5　タスクシーン発想法 ............................................. 95
- 参考文献 .............................................................. 97

## 8章　状況把握（ポジショニング） ...................................... 98
- 8.1　2軸で評価する .................................................. 98
- 8.2　コレスポンデンス分析をする .................................... 99
- 8.3　有用性，利便性，および魅力性の観点から満足度を把握する ... 101
- 8.4　アクティブリスニング法を活用する ............................ 103
- 8.5　簡易サービスチェックリストを活用する ........................ 103
- 参考文献 ............................................................. 104

## 9章　システムとユーザの明確化，構造化コンセプト構築 ............. 105
- 9.1　ユーザの明確化 ................................................ 105
  - **1** ターゲットユーザの明確化 ................................... 105
  - **2** 関係者の明確化 ............................................... 108
- 9.2　システムの明確化 .............................................. 109
- 9.3　構造化コンセプト .............................................. 109
  - **1** ボトムアップ式 ............................................... 110
  - **2** トップダウン式 ............................................... 111
- 参考文献 ............................................................. 112

## 10章　可視化 .......................................................... 113
- 10.1　サービスシステムの骨組みを UML/SysML で決める ........ 113
- 10.2　可視化案をまとめる .......................................... 116
  - **1** 1シーンに対する具現化 ....................................... 116
  - **2** 複数のシーンに対する具現化 ................................. 117
- 10.3　デザイン項目 ................................................. 118
- 参考文献 ............................................................. 120

## 11章 評価 .................................................. 121
- 11.1 V&V評価 ........................................... 121
- 11.2 幅広く，詳細の情報を得ることのできる評価手法 ........... 122
- 11.3 部分的に，詳細の情報を得ることのできる評価手法 ......... 123
  - ❶ サービス事前・事後評価法 ........................... 123
  - ❷ UX タスク分析 ..................................... 125
  - ❸ プロトコル解析 ..................................... 125
  - ❹ パフォーマンス評価 ................................. 126
- 11.4 部分的に，概要の情報を得ることのできる評価手法 ......... 126
  - ❶ 簡易サービスチェックリスト .......................... 126
  - ❷ HMI 5 側面とサービスデザイン（接客面）項目を使ってサービスを評価 . 127
- 11.5 幅広く，概要の情報を得ることのできる評価手法 ........... 129
- 参考文献 .................................................. 130

## 12章 汎用システムデザインプロセスを活用したサービスデザイン事例 .. 131
- ❶ メンバー ............................................ 131
- ❷ プロジェクトの概要 ................................... 131
- ❸ 汎用システムデザインプロセスの効用 .................... 132

---

### 事例編

---

## 13章 IoT を活用したサービスデザイン戦略（シスメックス）
―機器＋試薬＋サービスの一体化によるサービス価値の提供― ..... 144
- 13.1 シスメックスの事業概要 .............................. 144
- 13.2 SNCS の内容 ....................................... 144
- 13.3 シスメックスのサービスデザイン ...................... 148

## 14章 ビジョンシンキングで社会課題解決の仕組みを作る（オムロンヘルスケア）
―オムロンの血圧分析サービス MedicalLINK ― ................. 149
- 14.1 オムロンの高血圧診療サポートへの取り組み ............. 149
- 14.2 血圧計事業の歩み ................................... 150

目　次

14.3　オムロンのサービス構築の思考と構造 .................... 152
14.4　社会・技術・科学の関係性 ............................ 153
14.5　オムロンの血圧計事業から血圧事業を俯瞰する ............ 153
14.6　最後に ............................................ 155
参考文献 ................................................ 156

## 15 章　オフィス設計サービス（イトーキ）
　　　　―健康的で生産性の高い働き方をアシストするワークサイズプランニング― .. 157
15.1　オフィスプランニングによる働き方のサポートサービス ..... 157
　❶　ワークサイズとは ..................................... 157
　❷　ワークサイズプランニングの手順 ........................ 158
15.2　要件定義 .......................................... 158
15.3　設計 .............................................. 159
15.4　評価 .............................................. 162

## 16 章　膀胱内尿量測定機器のサービスデザイン（リリアム大塚）
　　　　―製品の価値を高める顧客視点とサービス― ............. 165
16.1　製品の概要 ........................................ 165
16.2　開発コンセプトの立案 ................................ 166
16.3　開発の経緯と課題の克服 .............................. 166
16.4　顧客視点からのビジネスの再定義 ...................... 167
16.5　まとめとサービスの視点 .............................. 169

## 17 章　輸送計画 ICT ソリューション SaaS TrueLine®（東芝）
　　　　―顧客の経験価値に着目し，価値の最大化を目指したサービスの提供― . 170
17.1　東芝におけるサービスデザインのアプローチ .............. 170
　❶　うれしさの循環 ...................................... 170
　❷　東芝デザイン手法 .................................... 171
17.2　サービスデザインの実践事例―クラウド型輸送計画システム .. 171
　❶　背景 .............................................. 172
　❷　社会と未来を考える：ビジョンの設定 .................... 172

**3** いまの姿を探る：顧客企業の現状理解と本質的な課題の抽出...173
　　**4** あらたな姿を描く：コンセプト策定から機能とGUIへの展開..173
　　**5** あるべき姿を創る：利用者の誇りや愛着への配慮............173
　　**6** 実現し進化させ続ける：顧客企業への提供とフィードバック...175
　17.3　まとめ.................................................176
　参考文献....................................................176

## 18章　体験を重視した短期間で取り組むサービスデザイン（富士通デザイン）
　　―機能単位で考える職種の垣根を越えたチーム連携―.............179
　18.1　多様なメンバーによるサービスデザインの取り組み.........179
　18.2　ゴールの共有―短期間のプロジェクト推進に向けて―.......180
　18.3　仮説と推察―対象への理解と共感―.....................181
　18.4　フィールドワークによる仮説検証―「体験」と「観察」のバランス―.182
　18.5　サービス検証―アイディアの洗練とコンセプト定義，実現に向けた検証―.183
　18.6　プロトタイピング―目的に合わせたプロトタイピング―.....184
　18.7　最後に.............................................185
　　**1** 立場，職制を超えた機能単位での役割分担.................185
　　**2** 自身の共感と客観的な視点の繰り返しで考える.............187

## 19章　脱コモディティのためのサービスデザイン戦略（今治タオル）
　　―ブランドに特化した脱コモディティ戦略―....................188
　19.1　今治タオルの特徴....................................188
　19.2　サービスデザイン戦略................................189
　19.3　今治タオルブランドを支える認定システム................190
　19.4　まとめ.............................................191
　参考文献....................................................191

## 20章　家族愛ブランドの実現（ライオン）
　　―衛生予防コンセプトの衣料用洗剤HYGIA（ハイジア）事例―.....194
　20.1　ユーザ要求の変化....................................194
　20.2　ブランドマネジメントの必要性........................194

20.3 現状認識と課題抽出........................................196
20.4 観察調査手法と調査方法..................................196
　❶ 調査目的とその概要......................................196
　❷ 調査方法および分析ステップ............................197
20.5 観察調査結果の要約......................................198
20.6 調査結果からの考察と商品開発対応....................199
　❶ 衛生意識の階層化現象..................................199
　❷ 衛生意識の広範囲化（敵はインビジブル）現象..........200
　❸ 商品開発とサービスデザイン............................200
20.7 残された課題..............................................202
参考文献......................................................202

## 21 章　顧客ニーズと価値理解の視座転換，サービス開発視点について（インフォバーン）

―抽象的ニーズの可視化と充足状態の理解によるサービスデザイン―. 203
21.1 ユーザ中心の製品・サービス発想の重要性................203
21.2 本質的なユーザニーズ理解を起点としたサービス発想の事例..204
参考文献......................................................208

## 22 章　サービスデザインを生む人材育成（シャープ）

―サービスデザインに必要なスキルと「UX 塾」活動の紹介―......209
22.1 デザイン領域の拡大......................................209
22.2 サービスデザインに必要な能力..........................209
22.3 従来の人材育成..........................................210
22.4 変化に対応する人材育成「UX 塾」......................210
22.5 UX 塾の運用..............................................212
22.6 UX 塾の効果..............................................213
22.7 まとめ....................................................214
参考文献......................................................214

## 23章　UXスキルを向上させるための社内人材育成への取り組み（NEC）
―利用者の体験（コト）を考慮することによる魅力的なサービスの創出―..215
### 23.1　はじめに................................................................215
### 23.2　UXワークショップを取り入れたサービス企画............215
### 23.3　顧客との共創を取り入れたSI提案........................218
### 23.4　おわりに..............................................................220

## 索　引........................................................................221

## Column

アメリカ社会のジェントリフィケーションとデザイン..............38
アメリカのサービスデザイン(1)
―"Built your own"という世界―面倒くさい相手の，新しい経験価値づくり―....81
アメリカのサービスデザイン(2)
―ミレニアルズの気持ちにあった貯蓄アプリ―........................176
組織固有の真価に基づくさりげないお節介を........................192

# 理論編

# 1章 サービスデザインとは

本章では，サービスデザインの世界の概要を紹介するため，デザインの歴史，デザインの価値，サービスデザインの必要性，従来のデザイン方法との比較，汎用システムデザインプロセスなどを説明する．

## 1.1 デザインの歴史と様々なデザイン

### 1 サービスデザインに至るまでのデザインの歴史

18世紀半ばから産業革命が起こり，その結果，19世紀半ばころ，現在でいうデザインが生まれた．その後，アーツ・アンド・クラフツ運動，アールヌーボー，分離派，ドイツ工作連盟，バウハウスなどの様々なデザイン運動が興った．それらの運動は，主に造形をどう扱うかという視点に注意が注がれていた．それらの運動の中で，現在でもその影響を与えているのがドイツのデザイン学校であったバウハウスである．バウハウスでは芸術と技術の統一が大きなテーマであり，それは合理主義によるモダンデザインへと結実したと言えるだろう．

戦後，本格的にデザインが産業界で活用され，プロダクトデザイン，グラフィックデザインおよびインテリアデザインが中核となり発展してきた．その後，デジタル化に伴いデザインの扱う範囲が拡大し，WEBデザイン，GUIデザインなどの情報デザインの分野が広がった．さらに，ビジネスにもデザインが影響を及ぼすようになると，デザインをどのようにマネージメントすべきか研究するデザインマネージメントの領域が生まれた．デザインの役割が認識されると，デザインを社会で役立てるソーシャルデザインのジャンルが生まれた．ソーシャルデザインとは，世界中の貧困の子供たちに役立つツールをデザインしたり，災害時にデザインを通して様々な社会貢献を行うことを目的としたデザインである．このように，デザインの領域は時代と共に拡大し，社会に対する影響力が増加していると言えるだろう（図

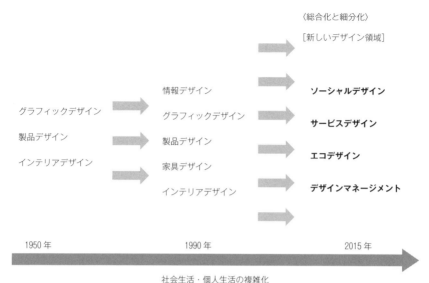

図 1.1　デザインの世界の拡大（総合化と細分化）

1.1）．このような文脈から，「デザイン対象物に価値を与える」のがデザインと考えるのが妥当であろう．本書では，デザインをこのように定義する．

　サービスデザインは，このような文脈および経済的状況から生まれた新しいデザインの世界である．21世紀になって誕生した新しいデザインの世界は，20世紀に生まれたデザインと異なり，デザインの対象を単品にするのではなく，システムとして扱っているのが特徴である．また，これまでのデザインの主役であった造形面よりも，システム構築のための発想，論理性が強く求められている．このシステム化の動きはデザインだけでなく，他の分野でも読み取れる．例えば製造分野ではネットワーク化，システム化により，様々な国で製造したモノをわが国で販売するなどの現象が起きている．この原因は，IT，IOTなどの情報技術革新と，人々の生活レベルの向上によるものであろう．

　このように，デザインは産業と密接な関係があり，産業の発展と共に新しいデザインの領域が生まれてきたとも言える．単品のデザインからネットワーク化，あるいはシステム化された状況でのデザインに移りつつあることを認識する必要がある（**図 1.2**）．

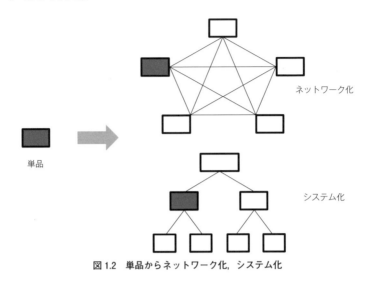

図 1.2 単品からネットワーク化,システム化

## 2 サービスデザインについて

　サービスデザインの定義は様々されている.例えば,UK Design Council (2010) では,「サービスデザインとはサービスを有益で,利便性があり,効率的で,有効で,魅力的にするすべてを言う」[1]などと定義されているが,本書でのサービスデザインの定義をしておこう.本書でのサービスデザインは,「**UX (user experience, ユーザ体験),ストーリー (story, 物語) や意味性などを介して,人間に係る様々な要素をサービスとして統合し,人間に対する価値あるシステムにする作業**」(図1.3) と定義する.ここではUX,ストーリーや意味性などが統合の媒介を行い,重要な役割を担う.UX,ストーリーや意味性などの媒介が無いと,単なる無味乾燥なシステムができ,人間に価値あるものにならない可能性が高い.ここでいうサービスとは,生産者と消費者がやりとりする有機的システムとする.例えば,公園のサービスデザインを考える際,あるコンセプトの下,次の項目を検討する.

①公園使用者(ヒト),公園管理者(ヒト),ブランコなどの遊具(モノ),遊具を使った遊び方(コト),公園の活用方法(コト)

②メンテナンス(時間軸),公園のスペース(空間)

1.1 デザインの歴史と様々なデザイン

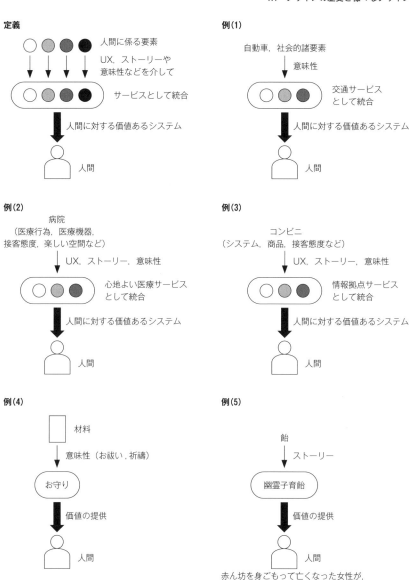

図 1.3 サービスデザインの定義

# 1章 サービスデザインとは

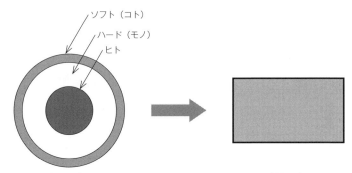

**饅頭モデル**
サービスを固定的に考え，こういうものだという発想から新しいサービスを考えない．
例）
・理髪店でカミソリを使う時，安全・衛生というメッセージを与えない．
・そばの専門店で，出来合いのパックされたわさびを出しているお店．

**寒天モデル**
ハード（モノ）とソフト（コト）の枠組みを取りはずし，顧客の観点から新しいサービスを創造する．
例）
・理髪店で使い捨ての古いカミソリを捨てて，新しいのを使うというパフォーマンスを行っている．
・そばの専門店で，顧客がわさびを擦って，好きな量を自分で調節できるお店．

図1.4　サービスモデル

③地域や広域社会との関係や位置付けの明確化（コト）

以上のデザイン項目を，UX やストーリー（物語）を介してサービスとして総合し，人間に対する価値ある公園サービスシステムにすることである．

従来，サービスは人間を中心として，その周囲をハード，ソフトが固定的に配置された構造（饅頭のような構造：饅頭モデル）と考えられる．こういう構造の中でサービスが成功している例も多いが，固定化された階層構造になっているので，柔軟性・有機的関係が弱い．例えば，地方のシャッター街となっている店舗は，この固定化された構造のためではないだろうか？ 20世紀の高度成長時代ではこのような構造でも商売はできたが，顧客のレベルが高まっている現在，対応が困難となっている．つまり，**図1.4** の顧客のハード（モノ），ソフト（コト）のニーズが高まり，円のサイズが大きく，複雑になっているにも関わらず，それに対応できていないと考えられる．そこで，これからは人間，ハード，ソフトが有機的に混然一体となった柔軟なシステムとして，サービスが位置付けられるような構造（寒天のような構造：寒天モデル）が必要になってきている．

サービスデザインが重要になってきた理由は以下の通りである．

①人々の生活レベルが向上し，単に商品を使い，その機能で満足するレベ

ルから，その商品に共感し，楽しむといった生活の価値を考える環境になった．可処分所得が増え，時間，空間面での余裕がでて，物理面だけではなく，精神面での満足感が求められているのであろう．この観点に対し，サービスデザインのUXやストーリーが注目を浴びている．

②コモディティ化（日常品化）対策のため，企業は製品単品の機能ではなく，その製品に絡む様々な与条件を加えた総合力で価値を高める戦略や製品のリフレーム，再定義による従来に無い新しい製品が望まれている．これらの動きに対して，サービスデザインによる新しい意味付けが貢献する．

ハード，ソフトを融合させ，システム化することにより，従来に無い価値の創造ができる可能性が増加する．例えば，分かりやすい例として，理髪店で髭剃りの例を考えてみる．ある店舗では，使い捨てのカミソリを顧客の目の前で見せて，古い刃を捨てるパフォーマンスを行っているところがある．安全で衛生であることを示しているのであるが，こういうことをしているお店は少ない．このパフォーマンスはモノ（刃）とコト（安全性，清潔性）をサービスデザインとして融合させ，顧客に信頼感を与えている．

従来のサービス構造はミクロ的視点であり，これからはネットワーク化，システム化されたマクロ的視点の構造となっていく．つまり，IT，IOTなどによるネットワーク化された社会において，サービスを有機的なシステムとして捉えることが重要である．例えば眼鏡店では，店舗空間で顧客に検眼（コト）を行い，メガネ（モノ）を提供しているサービス業である．しかし，顧客，モノ，コトだけの固定的，ミクロ的視点で改善をしている限り，顧客視点とはいえ，接客態度の改善，顧客の眼鏡製作時間の短縮，店舗空間の快適化などの表面的な改善に留まってしまう可能性がある．しかし，顧客，モノ，コトを一体化し，有機的なマクロシステムとして捉えることは，俯瞰的な視点を意味し，その本質に迫ることでもある．眼鏡店の本質は品揃えであろう．筆者は，今まで様々な眼鏡店で眼鏡を選んできたが，満足感を得られたことはあまりない．それは限られた眼鏡から選択させられるという制約条件からである．「各店舗ごとの品揃え」というミクロ的視点から脱却し，例えば眼鏡店がネットワーク化し，共同の商品保管場所を確保し，30分以内で最適なメガネを提示できるシステムにするとか，さらに進めてネットでメ

ガネと顔との適合性を確認して，その後，指定された眼鏡店に行くなどのサービスシステムとして考えれば，今以上に顧客にとって魅力ある存在となり得るだろう．

## 3 機能中心，人間中心から価値中心の時代へ

我々の生活に大きく影響を与えた戦後からのモノ作りの考え方を検討してみよう．筆者は，日本のモノ作りには以下の3段階があると考える（図1.5）．

### ①機能中心主義（1950年頃～）

製品の機能に注目し，そこを訴求したハード中心のモノづくりの考え方である．海外にお手本の製品があるので，これを目標に製品開発するスタイルであった．もちろん，今でも重要な視点であるが，技術の飽和点に達している分野が多く，このような分野ではいくら技術開発を行っても革新的な技術は生まれない可能性が高い．

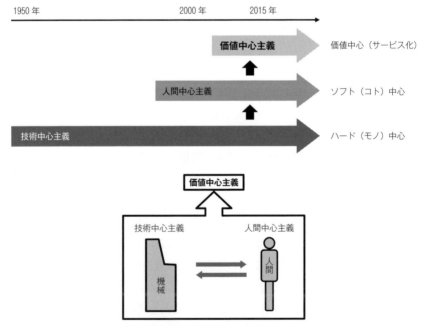

図1.5　製品開発の変遷

技術中心の時代では，わが国では海外の目標製品があったので，創造性はそれほど必要でなく，所謂教育では主要五科目などと論理性を重視する教育が主であった．

**②人間中心主義（1985年頃～）**

元々デザインの世界では，人間中心で考えるのは当たり前であったが，モノ作りの世界では機能中心主義の製品開発では限界が見え始めた1985年ごろから，このソフト（コト）中心の考え方が芽生え始めたと思われる．その一例がユニバーサルデザイン（Universal Design, UD）である．人間中心主義は利便性・ユーザビリティがポイントで，1999年にISO（International Organization for Standardization）が人間中心設計の基準としてISO 13407（human-centred design process for interactive systems）を規格化した．その後，わが国でもJIS Z8530（インタラクティブシステムの人間中心設計プロセス）が制定された．その後，ISO13407は，2010年にISO 9241-210と改定された．

**③価値中心主義（2005年頃～）**

サービスの考え方がモノ作りに影響を与え始めた現在，ユーザビリティだけではなく，ユーザの持っている価値をどのように製品に埋め込むのかが焦点になってきていると思われる．ここでのモノ作りでは，どのようにサービス化するのか，どのような価値：意味性をユーザに提供するのかがポイントである．したがって，モノだけではなく，コト，時間，空間を含めた幅広い視点が必要になってきている．

元々，デザインは人間―道具，機械，システム，社会の関係において，最初に道具のあり方を考えて，その属性である形状や色を決めてきた．その後，産業革命を経て，デザイン対象が機械，システムへと拡大していった．つまり道具のあり方を考えることは，ユーザの状況を考えることであり，究極にはユーザの価値を考えることである．大昔では使用するユーザの顔が見えた時代であった．大量生産によるモノ作りの時代でもターゲットユーザの価値を考えてデザインをしてきた．したがって，今までデザイナーの視点としては，ユーザの価値を考えてデザインをしてきたが，機能という存在の前

にはその価値を前面に出すことは困難であった．つまり，機能はユーザの価値でもあると考えられてきたのであった．しかし，21世紀になり，人々の生活が豊かになり，製品やシステムの価値が問われるようになったという構図である．

　機能中心主義，人間中心主義でも価値を追求してきたが，前者は機能，後者は人間の価値に焦点を絞って考えられてきた．価値中心主義は価値そのものを本質的に考えてゆくベクトルである．前述の単品からネットワーク化，システム化の流れからも，この3つの動きを説明できる．機能中心主義と人間中心主義はモノとしてもこだわりが強く，単品としての視点が強いが，価値中心主義はマクロ的視点であり，ネットワーク化，システム化に対応しているだろう．

　前述の3段階の製品の変遷の例について，扇風機とCTを通して紹介する．

### (a) 扇風機の変遷

　機能中心主義の初期のころの製品は，極端に言えば，風が起きればよいといったレベルであったが，その後，デザインに力を入れ，安全性にも配慮するようになった．人間中心主義の時代の製品では，今まで以上に安全性や使い勝手を改良していった．羽をカバーするガードの骨のピッチも短くなり指が入らなくなるように配慮され，リモコンがついて使い勝手が良くなってきた．価値中心主義では，扇風機の羽が無くなり，円筒状の形状で，スマートな形状となり，従来とまったく違うデザインとなった製品が出てきた．これは，使用空間と調和する新しい扇風機の価値を消費者に提供するものである．この新しい価値とは，新しい生活環境の提供とも言えよう．

### (b) CT (Computed Tomography) の変遷

　機能中心主義のころは，騒音があり，威圧感のある機械的イメージであった．身体内部の画像が得ることが最優先とされた時代であった．それが，人間中心主義の時代になると，機器のデザインが洗練され，受診者のストレスも軽減された．価値中心主義になると，機器を含んだ検査空間の観点（モノ＋コト）から，受診者が楽しくなるようなシステムデザイン（サービスデザイン）の観点へとデザインし直され始めている．海外では，検査室の空間を

子供が楽しくなるような色彩やイラストで描かれ，恐怖感のない楽しい空間へと変質させている．検査技師の説明の仕方，態度なども十分検討されるようになった．

以前筆者は検査のため，CT を受診したことがある．当初は気楽な気持で臨んでいたが，検査技師の説明で驚いたことがある．「この機械により，気持ちが悪くなったり，吐いたりする人がいるので，受診中もし何かあればこのボタンを押してください」と言われたのである．確かに説明していることは事実なのだが，もう少し別の言い方があるのではと感じた．このように機器であるハードに付属する運用的側面（説明，案内，様々な対応）のソフトや空間などの要素を統合して効果を上げるのがシステムデザインであり，サービスデザインである．

## 1.2　なぜサービスデザインなのか

### 1　サービスデザインの必要性

21 世紀に入り人々の生活が豊かになり，機能優先の製品は見向きもされないようになった．機能的には満足するが，それを超える何かを人々は欲している．例えば腕時計の場合，昔は見やすくて機能的に満たしたレベルであれば人々は満足したが，現在は様々な機能や形状，カラフルな色彩などよりどりみどりである．消費者は自分の生活スタイルや好みで商品を選ぶようになっている．それは人々の生活レベルが上がり，目利き力が上がったからだと考えられる．目利き力とは，あるモノに対するその人の価値判断能力である．筆者の場合，小学生時代からクラシック音楽を聴いているが，聞き始めのときはよく分からなかったが，何回も聞いているとその良さが分かるようになった．つまり，時間をかけることにより価値体系ができ，それが判断基準となるのだろう．これは陶芸，茶道のような芸術の世界から文房具，鞄，台所調理器具，自転車など生活実用品の世界まで同じである．

このようにこだわりをもつ消費者が増えてくると，従来のモノ作りの考え方では，消費者は受け入れてくれない．先にも述べたが地方都市に行くと地元の商店街がシャッター街になっているのをよく見る．そういう商店街にあ

る眼鏡屋や洋装店を見ると，20世紀型の売り方をしているのではと予想がつく．極端に言えば，眼鏡屋ならば度の合った眼鏡を提供します，洋装店ならば体に良い季節に対応した服を提供します，というメッセージを投げかけているだけのように思えてならない．そうではなく，そこに行くと新しい出会いがあるなどのワクワク感が必要であろう．眼鏡の場合，東京でも地方でも，売られている商品にはそれほど違いはないと思われる．ワクワク感を演出するには，商品だけでは難しく，インテリアデザインやお店のポリシー（ブランド）などの力を借りて，総合的に演出してストーリーを示し，共感を得なければならない．つまり，お店の再定義，リフレーム（reframe）を行い，眼鏡屋の場合ならば，眼鏡を提供する場ではなく，眼鏡を通して顧客の自己再確認のできる場にするなどが考えられる．そうすると売り方はまったく異なり，顧客の生活やその背景などのストーリーを考えて，眼鏡のサイズ，デザイン，レンズの度数などの様々な仕様を決めることができる．その前提として，豊富な品揃えシステムを構築しなければならないであろう．

## 2 従来のデザイン方法

　従来のデザイン方法は，デザイナーが生活者になりきって，製品を使うなどの体験をして，それから得た様々な問題点や感覚をデザインに反映する方法である．機能が簡単な製品や家電製品のような身近で使う製品には，気軽に使え，予備知識も不要で，簡単にデザインができるメリットがある．問題点や感覚を頼りに可視化する訳であるが，デザイン対象オブジェクトの機能が簡単なため，最初に厳密なコンセプトを作る訳ではなく，体験により得た諸条件・要求事項を基にスケッチを描いたり，粘土などで3次元の形を検討していく方法でもある．したがって，主に形からデザインし，同時にコンセプトも検討している場合が多いと推察する．**図1.6(1)-(4)** を見てほしい．これらのデザイン例は，従来のデザイン方法か分からないが，形からデザインした結果と思われる使いづらい例である．

①事例1（図1.6(1)）
　ある国際会議で本を購入した際，もらったボールペンである．芯を押し出すときは，通常，図1.6(1)のように持って押し出す．何人かの人に使っても

(1) 芯を押すとき一定の押し方を強制される   (2) まぶしい照明

(3) ギア比の数字が見えない   (4) ボタンが凸状なので押しにくい

図 1.6　従来のデザイン方法

らうと全員無意識に同様の使い方をしていた．しかし，そのままだと手にボールペンのクリップが当たるので，くるっと 90°回転させて使っていた．大きな問題ではないが，形状からデザインした典型例である．

② 事例 2（図 1.6(2)）

　あるビジネスホテルに宿泊し，持参した PC で仕事をしようとしたとき感じた．眩しいのである．人間工学ではこれをグレアというが，まぶしくて仕事がしにくいので，消灯して仕事をした．なぜ，こういう球型のセードの照明器具をデスクの上に置くのか？　顧客の実態を考慮せずにインテリアデザインとして，あるいはデザイン効果として，球型のセードを設置した可能性が高い．これも形からデザインしている証拠である．部屋として見てくれが良いようにデザインされている．

③ 事例 3（図 1.6(3)）

　筆者が使用している自転車に付いてあった変速機のギア比の数字を表示するパーツである．何しろ表示文字が小さくよく見えない．特に夕方近くなるとまったく見えず，役に立っていない．詳しく観察するとこの表示機の周り

にクロームメッキが施されてあり，コスト配分が間違っているのではと感じている．クロームメックなどをやめて，その浮いた分で文字表示を大きくした方が合理的である．

④事例4（図1.6(4)）

集合住宅に入る際，暗証番号を入力してドアを開錠する操作部のキーなのであるが，ボタンの断面が凸状になっているので，滑ってしまい押しにくい．なぜわざわざ凸状にする必要があるのか？　これも造形上の視点からデザインしている可能性が高い．高齢者になると発汗量が減り，滑りやすくなるので凸状のボタンは問題が生じる．公衆電話のボタンは，現在，凹状になっており指とのフィット性は良い．

以上の4つの例からも言えるのであるが，デザイナーは往々にしてモノの本質，つまり，使用価値をあまり深く考えずに，一番入りやすい形の検討からスタートしがちである．しかし，上記のような簡単な例でさえ，満足なソリューションを生み出すことができず，近視眼的なアプローチ，つまりミクロ的な視点からのアプローチの限界を物語っている．

## 3 新しい価値生成とサービスデザイン

20世紀の製品開発ではその機能が重要視され，こういう機能ならば顧客は満足するだろうと仮説のうえで開発がされていた．したがって，どのように製品を作るかが大きな問題であった．しかし，このような発想ではなく，現在では顧客の真の価値を探り，その情報を製品開発にフィードバックさせる必要がある．20世紀では主な価値が機能でも商売ができたが，現在ではそれ以外の価値も包含した総合価値としてデザインをしてゆかなければならない．製品に絡むデザイン要素として，機能，デザインや使い勝手などがあるが，機能が一番重要なので主価値とし，機能以外を付加価値として分類している例が多い．しかし，この考え方は一面的な見方であり，機能を価値として認めるが，それ以上に重要なデザインや使い勝手の価値を追求する商品は多くある．例えば，コーヒーカップであり，照明器具などがある．

サービスデザインは，従来の機能，デザイン，使い勝手などの製品構成要素を包含し，一体化したもので，新しい価値を提供すると理解することがで

きる．したがって，サービスを提供する主な価値はケースバイケースで考えてゆかねばならない．コーヒーカップの機能は液体をある特定のスペースに保持することであり，これに関してはどの商品を見てもほとんど差が無いので，主な価値はコップの質感，形状や色彩などのデザインに係る事項である．

デザインには，使用価値と交換価値がある[2]と言われている．使用価値とは製品やシステムの持つ機能を考え，あるべき姿を追求するものであり，交換価値とは社会との関係から生み出されるスタイリングである．スタイリングとは外形の形のみを変える作業を言い，販売増加が見込まれるカッコの良いデザインを生み出すこととも捉えられている．

筆者はこれに社会的価値を追加する．社会的価値とは社会に対する影響やあるべき姿を考えることである．あるべき姿として，使用価値の場合は，あくまでもオブジェクト単体レベルで検討するが，社会的価値の場合は，社会レベルでの追及を行う．以前の製品は，単体レベルでの製品が多かったが，ネットワーク社会になると，製品単品ではなく，ネットワーク化された製品群，つまりシステムとして捉えられなければいけなくなった．例えば，携帯電話ができたときに，公共の場での使い方を検討・提案し，社会的合意を得る必要があった．携帯電話の場合，ユーザの使用実態を把握し，時間をかけて社会的合意を得たという経緯があるが，最初に決め，要望を聞きながら修正していったほうが短時間で合意を得られるというメリットがある．

デザインとは，本来，デザインする対象がどうあるべきなのかを考え，それに基づいて具体的に可視化する作業である．しかし，残念ながら米国文化の影響を受けたのか，わが国では交換価値だけがデザインであるという認識を多くの人が持っている．しかし，デザインの世界が拡大した現在，使用価値と社会的価値が拡大し，これらにウエイトを置いたデザインの世界が登場してきている．それらがサービスデザインであり，ソーシャルデザインである．

サービスデザインは前述した3つの価値を徹底的に考え，具現化（交換価値）することである．したがって，デザインする上で必要な検討項目が多いので，システム設計の方法を活用するのがよい．このシステム設計は，経営工学，機械工学やソフトウェア工学などで活用されている方法である．しか

し，このシステム設計の方法はそれぞれの分野の特有の状況によって，カスタマイズされ，サービスデザインを行うには完全ではない．例えば，ソフトウェア工学では，客先からシステム構築を受注した場合，システムのコンセプトは客先の方針がコンセプトになるので，一般的なユーザ調査をしてコンセプトを作る必要はない．そこで本書では，通常使われているシステム設計のプロセスの不足部分を追加するなどして，大幅に改良した汎用システムデザインプロセスを活用する．このプロセスに従っていけば，かなり複雑なシステムでもデザインは可能である．

## 1.3　システムアプローチによるデザイン（システムデザイン）

　マクロ的，論理的に行うシステムアプローチによるデザインを本書ではシステムデザインと呼ぶ．算数の応用問題を解くときに，小学校で習う「鶴亀算」か，中学で習う「方程式」がある．前者と後者の相違は，フレームを使うか否かである．後者は方程式という汎用性の高いフレームを使って計算するが，前者は問題の本質から考えていく方法である．一見，制約条件が弱そうに思えるが，難しい方法である．一方，後者の方程式は，取っ付きにくいが，やり方さえ理解できれば非常に簡単な方法である．本書で提案する汎用システムデザインは，後者のフレームに基づくやり方である．一方，前者は従来のデザイン方法と言える．従来のデザイン方法は属人的であり，能力がある人にはやりやすい方法であろう．

　システムの定義に関し，ベルタランフィほか様々な研究者が定義している．本書ではJISに準拠し，システムを「多種の構成要素が有機的な秩序を保ち，同一目的に向かって行動するもの」（JIS　Z8121）と定義する．

　システム工学では，通常，下記に示すプロセスが提唱されている．

①問題の明確化→概念化→詳細化→分析→評価→実施[3]

②調査研究→計画（目的と機能の決定，モデリング，解析，最適化（代替案の選択））→具体的設計→制作[4]

　上記のプロセスは問題点の解消という目的，あるいはシステムの目的というマクロな視点から検討要素を絞り込んでゆく方法を採用している．しかし，コンセプトを構築せずに，目的や問題に対する解決案である代替案を何

## 1.3 システムアプローチによるデザイン（システムデザイン）

表 1.1　従来の属人的なデザイン方法と論理的なデザイン方法

|  | 従来の属人的なデザイン方法 | 論理的なデザイン方法 |
|---|---|---|
| ある問題を解答する方法<br><br>（例）鶴と亀が合わせて9匹おり，足の数は合わせて26本．鶴と亀はそれぞれ何匹か？ | 【鶴亀算】<br><br>すべて鶴とすると，2×9匹=18本．しかし，現実には26本なので，26-18=8本．この8本が亀の足の増加分と考えると，8÷2=4本<br>つまり，亀：4匹，鶴：5匹 | 【方程式】<br><br>鶴=X，亀=Y とすると，<br>X+Y=9　　2X+4Y=26<br>X=9-X なので，2(9-X)+4Y=2Y+18=26<br>2Y=8　　Y=4　　X=5<br>つまり，亀：4匹，鶴：5匹 |
|  | 【特徴】<br>①従来のデザイン方法<br>　（ブラックボックス）<br>②試行錯誤の傾向が強い<br>③緩いコンセプトなので，検討項目が多い<br>④複雑なシステムでは無理<br>⑤扱いやすい，とっつきやすい | 【特徴】<br>①汎用システムデザイン方法<br>　（グラスボックス）<br>②枠組で行ってゆく方法<br>③発想，創造性はコンセプトに依存する<br>④複雑なシステム向き<br>⑤面倒なので，とっつきにくい |
| 作文学習 | ①思ったまま書けば良い．<br>②トレーニングを積み，才能ある人は思ったまま書けるようになる． | ①フレームワークによる作文学習<br>　（木下是雄，理科系の作文技術，中公新書，1981）<br>②フレームワークに従えば，誰でも書ける． |
| 英語単語の学習 | 従来の英語単語学習<br>get--- 得る，手に入れる，----<br>take--- 手に取る，持つ，つかむ，------<br>（リーダーズ英和辞典，初版，第19刷，研究社，1994年より）<br>・闇雲に暗記してゆく方法 | 英単語の構造的把握<br>get--- 逃げまわるもの，捕まえにくいものを「捕まえる」こと<br>take--- 動かないもの，置いてあるものを「手で取る」こと<br>（大津栄一郎，コミュニケーションのための英会話作法，p.74，岩波書店）<br>・英単語を構造的に把握してゆく方法 |

案か作成し，最適な案を選択する方法となっている．いずれにせよ目的やコンセプトなどの方針に対し，解決案の厳密な対応が関係付けられていないので，検討漏れなどの不都合が生じる可能性がある．

　サービスデザインの場合，人間が絡み，曖昧な要素が多く，方針・コンセプトを厳密に決める必要性がある．そこで，以上のシステム設計プロセスを参照しつつ，デザインの特性に対応するためのプロセス（汎用システムデザインプロセス）を構築した．

**(1) 企業や組織の理念の確認**
**(2) 大まかな基本方針**
**(3) システムの概要**
　　①目的，目標の決定

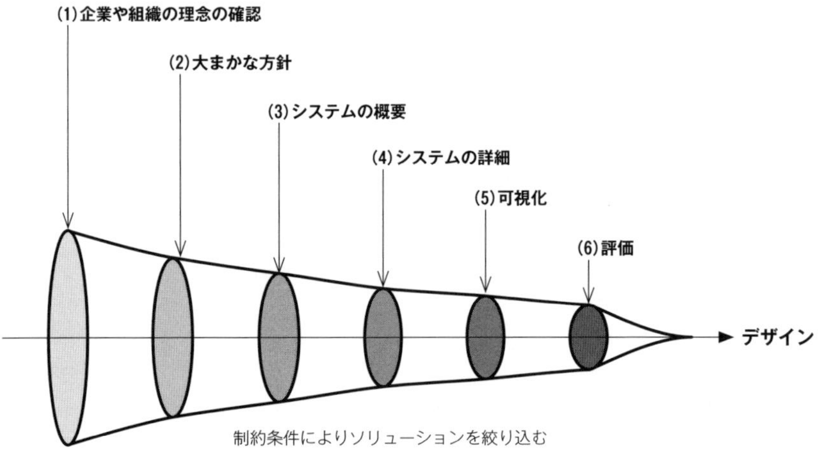

# 1章 サービスデザインとは

(1) 企業や組織の理念の確認
(2) 大まかな方針
(3) システムの概要
(4) システムの詳細
(5) 可視化
(6) 評価

制約条件によりソリューションを絞り込む

図1.7　汎用システムデザインプロセス

　②システム計画
**(4) システムの詳細**
　③市場でのポジショニング
　④ユーザ要求事項の抽出
　⑤ユーザとシステムの明確化
　⑥構造化コンセプト
**(5) 可視化**
　⑦可視化
**(6) 評価**
　⑧評価

　基本的な骨組みは，全体の枠組みを決めた後，詳細の事項の検討に入ってゆくという内容である（**図1.7**）．4章で詳説するが，基本的に制約条件に基づいて，演繹的に絞り込んで最終案であるデザイン案を求めるやり方である．

## 1.4　製品を機能別に分け，サービスとの関係を考える

　製品の分類の仕方はいろいろあるが，ハード（機能・複雑―機能・単純）とソフト（機能・複雑―機能・単純）の2軸で分けると，以下の様になる（**図1.8**）．

1.4 製品を機能別に分け，サービスとの関係を考える

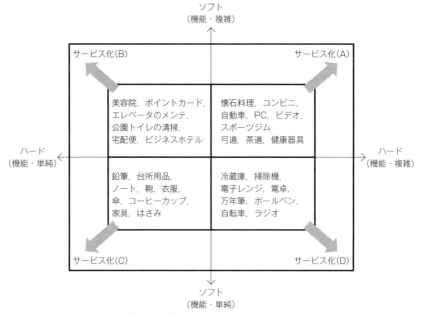

図1.8 製品・システム開発のベクトル

## ①ハード・複雑／ソフト・複雑

懐石料理，コンビニ，自動車，PC，ビデオ，スポーツジム，弓道，茶道，健康器具など

ハードとソフトが一体化した製品やシステムの世界で，ネット化によりサービス化がさらに進行する．例えば，自動車はネット化により，様々な情報の共有化が進み利便性が飛躍するであろう．さらには，自動車単体ではなく，社会に組み込まれた社会システムの一部となるかもしれない．例えば，自動運転車を活用したタクシーサービスシステムなどの交通サービス産業が提唱されている[5]．コンビニも同様で，モノや情報の拠点となりつつあり，顧客に利便性を提供している．茶道などはネットワーク化により家元制度が確立されている．

## ②ハード・複雑／ソフト・単純

冷蔵庫，掃除機，電子レンジ，電卓，万年筆，ボールペン，自転車，ラジオ，シェーバーなど

これらの製品群は，製品単体で完成度を高めてゆくのか，あるいはネットワーク化で新しい時間軸と空間を得て，ユーザに新しい価値を提供してゆくことができるのか検討時期にきている．例えば，電子レンジや冷蔵庫を家族の健康管理を担う機器と再定義すれば，ネットワーク化され，サードパーティから健康に良い新しいレシピの提供や健康食品情報などを入手することができるだろう．このように，製品単体よりもネットワークシステムの一部として捉えれば，様々なサービスのメリットを提供できるだろう．

### ③ ハード・単純／ソフト・複雑

　美容院，ポイントカード，エレベータなどの機器・システムのメンテナンス，公園トイレの清掃，宅配便，ビジネスホテル，マッサージ業など

　ソフトが複雑ということは，ビジネスのネタが多くあることを意味し，ネットワーク化，あるいはソフトの新たな展開，切り口により新しいサービスを展開できる可能性が高い．例えば，宅配便ならば，指定時間配達や冷凍・冷蔵物の配達など，顧客の視点から新サービスが生まれてきているが，今後も顧客の視点に立脚したビジネスが誕生してゆくであろう．ビジネスホテルも同様で，顧客が好むサイズの異なる枕や寝間着を選択できたり，夜食の無料提供などのサービスが，さらに今後増加してゆくであろう．現状のホテルの代金はある意味ではどんぶり勘定であり，顧客の需要と供給から値段が変わり，風呂を使わなくとも料金は変わらない．こういう曖昧な価格システムを脱却するアイディアが生まれるであろう．

### ④ ハード・単純／ソフト・単純

　鉛筆，台所用品，ノート，鞄，衣服，傘，コーヒーカップ，家具，はさみなど

　この分野は製品単価が低く，時間軸，空間につなげるサービス化のチャンスは低い．一方，製品のシステム化，リフレーム，再定義を行うことにより，新しい意味付けをすることにより，新たな価値を見出すことができ，魅力ある製品を生み出すこともできる．例えば，モップをレンタルにして郵送することにより，価値が生じるシステムがある．また，お守りはお祓いと祈願を済ませたことにより，意味を発生させ価値が生じる．コーヒーカップの場合，店舗で見るのは代わり映えの無い同じようなデザインばかりである．

筆者は海外のホテルやレストランで気に入ったカップがあると購入しているが，そのデザインは千差万別であり，見ていると楽しくなる．形状をいじくりまわすのではなく，コーヒーカップの本質を考えると，より魅力的な製品が生まれる素地はまだたくさんある．

## 1.5 目利きが大事

　ワークショップ，グループディスカッションや顧客との協創などは，合意を得るには良いが，発想やデザイン開発にも良いのか，その効果を吟味する必要がある．ワークショップ，グループディスカッションは属人的な方法のため，メンバーに優秀な人材がいないと新しいアイディアを出すのは困難である．このような他人依存型の発想方法は悪くはないが，本質的な問題点は，発想する本人の発想力が豊かにならない点である．

　阪急，東宝の創業者である小林一三などの発想力のある企業家，エンジニア達は，目利きの力がある人々である．やるべきことが決まっており，関係者が知恵を出し合ってシステム・製品を完成させた話はよく聞くが，やることが定まっておらず，ゼロから発想する場合に皆で発想して斬新なシステム・製品を開発したとは聞いたことが無い．物事の本質が分かる目利き力のある人材でないと新しい発想は無理であろう．目利きのある人々は，様々な体験と知識から自分なりのフレームワークを構築し，判断しているものと考えられる．陶器，絵画，クラシック音楽など，最初はその良さがよく分からないが，何回も見たり，聞いたりすると段々その良さが分かってくる．体験（見る，聞く）とその知識から，フレームワークを構築でき，目利き力が付いてくるのである．その際，本書で紹介している制約条件も十分考慮すべきであろう．

　本書では，この知識とフレームワークを提供し，目利き力を構築してもらいたいと考えている．
　**フレームワーク**：汎用システムデザインプロセス
　**知識**：主にデザインと人間工学の知識
　発想力は右脳系であり，フレームワークと知識は左脳系である．右脳と左脳が融合したバランスの取れた目利き力のある人材がサービスデザインの世

界では求められている．

## 参考文献

[1] Marc Stickdorn, Jakob Schneider : This Is Service Design Thinking, p.31, BIS Publishers, 2011.
[2] 川添登：デザインの領域，pp.20-21，現代デザイン講座4，風土社，1969．
[3] 岸光男：システム工学，p.5，共立出版，1999．
[4] 浅井喜代治（編著）：基礎システム工学，p.13，オーム社，2001．
[5] 日経ビジネス，p.94，No.1824，2016.1.18．

# 2章 サービスとUX

2章では，UX（ユーザ体験，User Experience）の必要性，UXの構造・蓄積・流れなどのUXに関する説明をサービスとの関係から行っている．製品開発にUXが必要であることを理解していただきたい．

## 2.1 なぜUXなのか？

素晴らしい絵画や陶芸品を見たり，素敵な音楽を聴いたり，内容の充実した本を読んだり，おいしい食事をしたり，豪華なホテルでくつろいだりすると感動したり，感動までいかないにせよ，感情を動かされることがある．これらのオブジェクトに共通に係ってくるのがユーザ体験(UX)である．人はユーザ体験を経て感動，あるいは感情を動かされるのである．

現代社会を見つめてみると，20世紀でマズローの生理的欲求，安全欲求や社会的欲求が充足され，我々の価値観がより精神面（尊厳（承認）欲求，自己実現欲求）にシフトしているのが理解できる．SNSの隆盛は承認欲求の表れであり，DIYの店舗，料理教室やカスタムオーダーのマンションの増加などは自己実現欲求の反映とも言える．この精神面の充足が感動に繋がってゆく．20世紀では，主に製品の機能面さえ満たされれば満足であったが，21世紀になり製品がユーザに提供する価値が問われている．以前のカセットやCDの音楽プレイヤーは音楽を楽しむといった機能＝価値があったが，デジタル化されると"いつでも""どこでも""誰でも"音楽をダウンロードでき，容易に音楽を楽しめる本質的な価値を得ることができるようになった．20世紀では機能面を満たせば価値があるという暗黙の了解があったが，21世紀ではユーザの生活レベルが向上し，価値そのものの存在を問うていると考えられる．ユーザが価値を得る際に係ってくるのがUXで，価値を支える土台と言ってもよい．その中核がユーザビリティ（使いやすさ）であり，前例で言えばダウンロードがスムーズにでき，簡単に音楽を再生できれば，音楽を楽しむ価値（意味）を構築できるのである．

## 2.2 UX・ストーリーとサービス

製品やシステムとのやり取りは意識されたUXとして蓄積され，ストーリー（物語）というイメージが作られる．ストーリーはユーザと製品・システムとのイメージを媒介とした関係付けである．さらにこの関係化が強固になるとブランドとなる．これらの活動をシステムとして機能させるのが，サービスである（**図2.1**）．

筆者が京都の八坂神社の近くにある和風カフェに行ったときのことである．そこでは団子，バナナ，くずもち，イチゴなどのスイーツを抹茶チョコレートソースにつけて食べるセットを注文した．団子などの単品の価格はそれほど高くはないと思うが，甘い抹茶ソースにつけて食べるシステムにしたことと，使われる食器の良さや店内の雰囲気などが価値を高め，1000円以上の価格であったが十分満足できる内容であった．このように，様々な要素をサービスデザインとして統合することにより，ストーリーが生まれ，価値を生む．つまり，サービスは顧客満足のための目的であり，顧客価値創造のプロセスでもある．

次のUXの例も，京都にある高級チョコレートを売っているお店である．1階でチョコレートを販売し，地下1階でスイーツやコーヒーなどを飲食する場所となっている．ところが，地下の飲食コーナーは同じ建物内にあるに

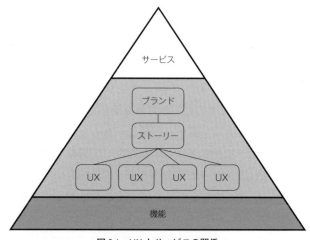

**図2.1　UXとサービスの関係**

2.2 UX・ストーリーとサービス

図 2.2　UX 体験

も関わらず，1階の販売コーナーから一端外に出て別の入り口から地下に行かねばならない構造になっている．さらに，地下1階へ行く入口のドアを開けるためには，暗証番号を入力しなければいけないという制約があった．そこでこの店は，暗証番号が書かれた紙を客に渡し，数字が書かれたボタンを押して中に入るという UX とストーリーをデザインしたのである．無駄な行為が UX デザインにより，意味のある楽しい体験に変換することができたのである．地下の室内は特定のイメージで統一されており，ストーリーを感じ，楽しく豊かに時間を過ごすことができた（**図 2.2**）．

　"*Design is how it works*"[1] という本で，サービスデザインで成功した企業を紹介している．例えば，REI というアメリカのアウトドア用品販売店では，従来の登山店には登山者のニーズに応えるものが無い，また，経営者は単に商品を売るだけの場所でないと考え，GPS 装置の使い方が学べたりするなど，買い物を経験に変えられるようにして成功している．ACE ホテルでは，ホテルとは客室を売る取引ではなく，ヒトとの触れ合いの舞台と定義している．このホテルは体験を提供する場であり，触れ合いの瞬間を作り出すことをテーマに空間を作ったのである（章末のコラム参照）．CLIF BAR という補給食の創業者は，デザインは単に美しさだけを求めるのではなく，

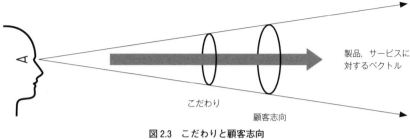

図 2.3 こだわりと顧客志向

製品を使ったときの顧客の体験をもデザインするように考慮しているという．VIRGIN ATLANTIC の創業者は，自宅で照明のムードやイスの座り心地などを気にするように，航空機でもそのような良い時間を持つように，乗客に楽しい経験を提供する必要があると述べている．

以上様々な例を紹介したが，これらの企業で共通していることは，経営者の目的が明確で，

① **顧客志向**
② **こだわり**

があることであると思われる．この 2 点がサービスの神髄であろう（**図 2.3**）．何が何でも顧客志向ではなく，その前に企業の矜持，あるいは哲学，方針としての「こだわり」があるべきであろう．企業としてのこだわりが無いと，顧客志向という観点から，右顧左眄してしまいスタンスが定まらなくなる．こだわりと目利きは関係が深いが，目利きができて，こだわりとなるのだろうと思われる．

## 2.3 UX の構造

### 1 UX の生成プロセス

人間は主に，目から視覚情報，耳から聴覚情報，手や足などから触覚情報を入手している．従来と変化のない情報の場合，深く感ぜずそのまま情報処理されて，記憶に残らないのが普通であろう．しかし，何か従来の情報と異なっていると体験されて，記憶に残る．その差異が大きすぎると拒絶される

2.3 UX の構造

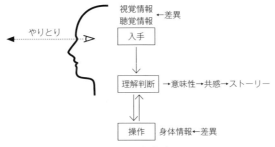

図 2.4　UX の生成プロセス

かもしれない．例えば，3 つのタスクをしなければならないところ，1 つのタスクのみでスイスイと入力ができたならばどうだろうか？　従来のイライラしていた体験から一転して気持ちよく素早くできるようになると，良い体験として記憶される．記憶された体験の情報は固有の意味（意味性）を生じる．この体験が連続・記憶されてゆくと UX を感じたシステムに対して共感を呼び，ストーリーという概念が構築されていくという仮説が成立する（図 2.4）．

UX デザインのポイントは，ユーザが心地よいと感じる差異を如何に生み出すかである．また，この体験を如何に連続させて，共感を呼ぶようにし，ストーリーへ転換できるかでもある．

## 2 UX の下位構造

UX は体験なので，主に機能とユーザビリティ（使いやすさ）に支えられ

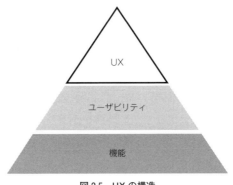

図 2.5　UX の構造

図2.6 なぜ,このようなデザインなのか？
(1)見栄えも使い勝手も悪いゴミ箱,(2)使い方が分からない蛇口

ている(**図2.5**).我々の身の回りには,使い勝手の悪い製品,システムが多数ある.多少,使い勝手が悪くとも人間は順応性があるので,何とか使いこなし,問題ないと誤解している節がある.

**図2.6(1)**に示す街中にあるごみ箱は,円柱状の本体に開けられたゴミ投入口に,なぜプラスチックの透明の平板をリングで止めているのか？ 断面が円状の本体形状に平板を止めているので隙間ができている.また,なぜゴミを収納する透明のごみ袋を本体から出すのか？ これらの問題点を解決するのがデザインではないのか？ **図2.6(2)**は航空機のトイレにある蛇口であるが,自動で水が出るのではなく,蛇口の上部に取り付けられたシート状の小さな飾りを押さねばならないということが分かるまで,5分もかかった.こういうデザインの原因は,事前に詳細の検討もせずに形からアプローチした結果ではないかと考えている.事前に制約条件を十分考慮していないので,多くのスケッチを描いてしまい,時間がかかり,検討漏れを起こす可能性が高い(**図2.7**).デザインとはデザイン対象物に価値を提供することであり,カッコ良くすることではない.

一方,良い例もある.大学でPCを購入し,液晶ディスプレイにその脚を

## 2.3 UXの構造

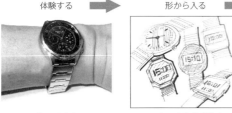

| 体験する | 形から入る | 製品の機能が複雑な場合，方針（コンセプト，制約条件）が甘いと，最適解を出せない可能性が高くなる． |

使ってみる　　スケッチを多く描く

図 2.7　造形イメージからデザインをする

図 2.8　UX を感じる作業

取り付ける際，そこにドライバーなどの工具が不要なネジが付いており，ネジに取り付けられた針金状のつまみを回すことにより容易に取り付けることができ，UX を感じた（**図 2.8**）．

### 3 UX の上位構造

前述したが，製品やシステムとのやり取りは意識された UX として蓄積され，ストーリーが作られる．ストーリーからブランドになるものもあるが，ならなくとも，サービスとして機能する（図 2.1）．ストーリーはユーザと製品・システムとのイメージを媒介とした関係化である．さらにこの関係化が強固になるとブランドとなる（**図 2.9**）．UX が発生し，ストーリー化（さらに，ブランド化）した製品やシステムは，ユーザに感情を引き起こす．感情（feeling, affection）とは，我々の生活の中で生じる「快と不快」を基準にした生理・心理的で主観的な体験の総称で，喜び，驚き，悲しみ，怒り

## 2章 サービスとUX

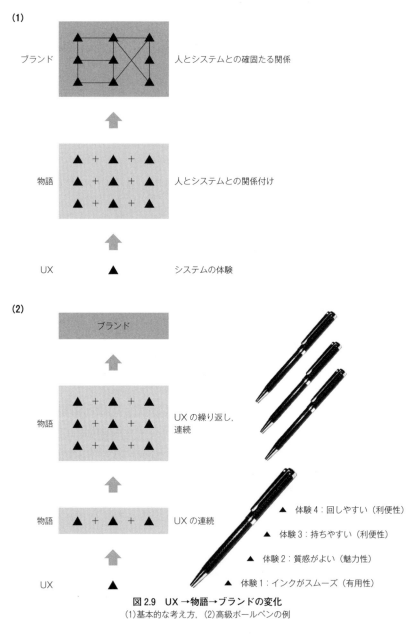

**図 2.9 UX →物語→ブランドの変化**
(1)基本的な考え方，(2)高級ボールペンの例

などの情緒（情動，emotion）は一時的に引き起こされる激情である[2]．

UX →物語→感情の構造に対して，4章で示す感性デザイン項目（9項目）

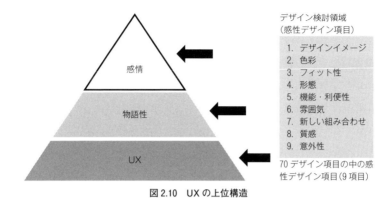

図 2.10 UX の上位構造

の(1)デザインイメージ, (2)色彩, (3)フィット性, (4)形態, (5)機能性・利便性, (6)雰囲気, (7)新しい組み合わせ, (8)質感, (9)意外性, の 9 項目が影響を与える (**図 2.10**).

## 2.4 UX の蓄積

初めてクラシック音楽を聞くと良く理解できないのが普通である. しかし, 何回も聞いているとなんとなく音楽の輪郭がおぼろげにわかってくる. さらに聞き込んでいくと詳細なところまでわかって, その音楽の本質が分かるようになる (**図 2.11**). 図 2.11 の UX 閾値とは, ユーザが受けた体験量が

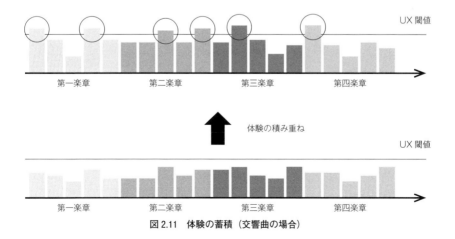

図 2.11 体験の蓄積 (交響曲の場合)

このUX閾値よりも多いと受けた刺激を理解ができるレベル値をいう．クラシック音楽の上級者はこのUX閾値が低いので音楽を理解できるのである（**図2.12**）．クラシック音楽でもTVなどのCMで聞いたことがある場合，初心者でも過去の聞いた経験から蓄積されて，UX閾値を超えた部分が何ヶ所かあるとなんとなく分かったと気になる．そして，上級者のように音楽そのものが理解できるとそれぞれのUX（音楽体験）の共通項からストーリーが作られ，それが感情を生む（**図2.13**）．以上は音楽の例であるが，絵

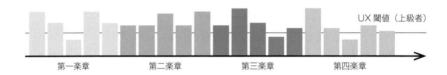

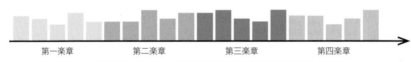

図2.12 初心者と上級者の体験の蓄積（交響曲の場合）

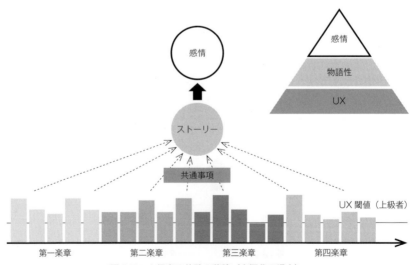

図2.13 上級者の体験の蓄積（交響曲の場合）

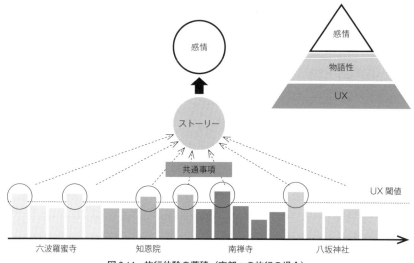

図 2.14 旅行体験の蓄積（京都への旅行の場合）

画，バレエ，旅行でも同様である（**図 2.14**）．

## 2.5 UX の流れ

UX が時間軸上でどう変化したのか調べたり，逆にどう変化させたらよいのか検討する．このような検討を行うことにより，UX を効果的にすることができる．時間軸ではタスクのレベルで UX を検討してゆけばよい（**表 2.1**）．タスク（task）とは仕事（job）を細分化したもので，分解する基準はないが，詳細に検討したい場合は細かく分解し，荒いレベルでいいならば大まかに分解すればよい．タスクをさらに分解するとサブタスク（subtask）となり，さらに分解するとモーション（motion）となり，1 動作を意味する．表 2.3 の場合，各料理を 1 タスクとして，UX を検討している．

UX 表（**表 2.2**）では，ある作業，仕事をタスクレベルで分解し，そのタスクに対して，どの程度の UX（UX 度）を感じたのか，あるいは感じてほしいのか記述する方法である．その際，人間と人間，人間と機械・システムのやりとりを記入する．UX 度はユーザ，顧客が受けた体験の主観の程度である．ほとんどの場合，**表 2.3** のような，低，中，高の 3 段階程度で十分で

表 2.1 UX タスク分析

| | | やりとり | | UXによる感覚 | 感情 |
|---|---|---|---|---|---|
| タスク：電気ポットでお湯を沸かす | ・情報入手<br>・理解・判断<br>・操作 | ・システムの良さ<br>・パフォーマンス<br>・有用性<br>・魅力<br>・おもてなし<br>など | | 日常性,<br>利便性, 五感,<br>獲得, 憧れ,<br>親しみ, タスク後 | 期待, 感動,<br>満足, 驚く,<br>喜ぶ, 面白い,<br>憧れ,<br>愛らしい,<br>心地よさ |
| タスク(1)<br>電源コードを本体に取り付ける | 電源コードを挿入しにくいので，容易に挿入できるようにする | | | 五感で体験する感覚を得られるようにする | 満足する感情が生まれるようにする |
| タスク(1) | | | | | |
| タスク(n) | | | | | |

表 2.2 各タスクの UX 度を調べる（UX 表）

| タスク | タスク1 | タスク2 | タスク3 | タスク4 | タスク5 | タスク6 | タスクn |
|---|---|---|---|---|---|---|---|
| UX 度 | | | | | | | |
| ・やりとり<br>・感情<br>・気が付いた事<br>など | | | | | | | |

ある．図 2.19 のフルコースの料理は，ある地方に旅行に行ったときの旅館で出された内容である．それぞれの料理に対して，説明があり，インテリアなどの雰囲気を含めて五感を通じて食事を楽しみ，UX を感じる構造である．ところで，多くの大型旅館は配膳の効率化のためレストランに顧客を集めて食事を提供しているが，様々な領域で個性化，個室化が進んでいる現状から考えると衝立などの配慮があっても良いと考えられる．このように UX 表を活用すると UX に関する事項を抽出することができる．UX 度とそれを受

表2.3 各タスクのUX度を調べる（UX表）

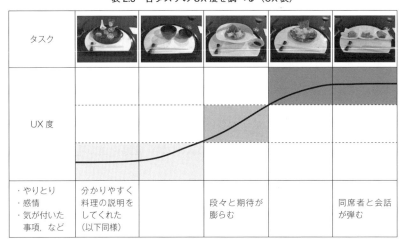

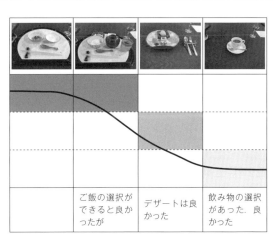

ける顧客の気持ちは常に連動している訳ではないので，顧客が感じた事項をメモしてもよい．使い方を限定している訳ではないので，使用者がカスタマイズすればよい．

## 2.6 UXタスク分析

UXタスク分析は，UX表と似ているが，各タスクに関する要求事項とし

てのUXを求めてゆく方法である．人間工学のタスク分析のUX版とも言える．各タスクのUXに関する問題点を書いてもよいが，最終的には問題点を変換して，要求事項にしなくてはならないので，最初から必要となるUXを書いたほうが効率的である．方法は以下の通りである（表2.1）．

①どういう仕事や作業を分析するのか決める．
②仕事や作業を分解して，タスクを書く．
③タスクに関する，やり取りのUXの要求事項を書く．
　・情報入手→理解・判断→操作の人間の情報処理プロセスの観点からUXの要求事項を抽出する．
　・システムの良さ，パフォーマンス，有用性，魅力，おもてなしなどの観点からUXの要求事項を抽出する．
④③で求めたUXの要求事項に関するUXに係る感覚を書く．
UXに係る感覚：非日常性，利便性，五感，獲得，憧れ，親しみ，タスク後など（UXに係る感覚は3章で詳説する）
⑤④で抽出したUXに係る感覚に対して生じると思われる感情を書く．
感情：期待，感動，満足，驚く，喜ぶ，面白い，憧れる，愛らしい，心地よさなど（感情に関しては3章で詳説する）

UXタスク分析を行うことにより，UXに関する改善案を求めることができる．

活用事例（**表2.4**）を紹介しよう．ある地方都市の蕎麦屋に行った際の些細な出来事である．以下に示す．

「蕎麦屋の中に入ると有名人の色紙が壁にかかっており，結構有名なお店だと気がつく．しかし，午後5時頃入店したせいか，客は私1人であった．従業員が来たが，どうも事務的な対応であったが，注文して，そばが来た．しかし，通常の蕎麦屋と比べて値段が約1.5倍高く，味は普通であった．食べ終えて，立って身支度をしていると，今まで奥にいた従業員が急にレジのところに行き，そこから声高に値段を言ってきた．お金を支払って，店から出ようとしても挨拶が無かった．」

この程度の店は多くあるので，何も感じないかもしれないが，UXタスク分析を行うと様々なUX要求事項を抽出することができる．

表2.4 UX タスク分析による要求事項抽出（ある体験：蕎麦屋にて）

| | やりとり | UX による感覚 | 感情 |
| --- | --- | --- | --- |
| | | 非日常性，利便性，五感，獲得，憧れ，親しみ，タスク後 | 期待，感動，満足，驚く，喜ぶ，面白い，憧れる，愛らしい，心地よさ |
| タスク(1) 顧客の入店 | 大きな声で挨拶する（問題点：挨拶無し） | 「親しみ」の感覚を生じさせるようにする | 顧客に「期待」の感情を得るようにする |
| タスク(2) 顧客の注文時 | 有名人の色紙について，説明する→お店の訴求事項を PR（問題点：説明なし） | | 「感動」「驚く」の感情を生じるようにする |
| タスク(3) 配膳 | 有名な地名の手打ちそばなので，その由来や特徴を説明する（問題点：説明なし） | | 「満足」の感情を生じるようにする |
| タスク(4) 食事中 | 箸，皿，テーブル，椅子などへの気配り，レイアウトの配慮する（問題点：気配り，配慮なし） | 「五感から良い感覚」を得られるようにする | 「心地よさ」の感情が生じるようにする |
| タスク(5) 支払い | 食事が良かったのか確認をする（問題点：無言，事務的対応） | 食事による「獲得」の感覚を確認し，共感を得られるようにする | 「満足」の感情が生じるようにする |
| タスク(6) 店を出る | ・従業員の挨拶<br>・店を出る際の快適なドア操作（問題点：挨拶なし，ドアがスムーズに動かない） | 従業員の挨拶による「親しみ」の感覚と「五感から良い感覚」を得られるようにする | 「感動」の感情が生じるようにする |

# 参考文献

[1] Jay Greene: Design is how it works, Portfolio, 2010.
[2] 渡辺恒夫（編著）：最新・マインドサイエンス 現代心理学の冒険，pp.65-68，八千代出版，1995.

Column　アメリカ社会のジェントリフィケーションとデザイン

# アメリカ社会のジェントリフィケーションとデザイン

2016年のアメリカ社会を語る上で重要なキーワードは「シェアリング・エコノミー」と「ヒップスター・カルチャー」です．前者はUberやAirbnbなどのアプリを使って自分の所有するモノを他者とシェアすることによってお小遣いを稼ぐもの．後者はBlue Bottle Coffeeなどに代表される，本物志向の追求とそれに付随するカルチャーの変化です．両者とも異なる局面においてサービスデザインが大きく関わっています．UI（ユーザインタフェース），UX（ユーザエクスペリエンス）を向上することによりユーザの利便性を高くすること（シェアリング），空間のデザインを創ることで独自の世界観を演出する（ヒップスター）など，デザインがサービスの質を決める要因になっています．このような変化は「ジェントリフィケーション」と呼ばれ，大都市の景気を高めている反面，スマートフォンなどのツールを持たない，波に乗り遅れた人たちを都市から押し出す問題が出ています．この稿ではこれらの変化を多角的に分析していきます．

2006年のApple社のiPhone発売以降，スマートフォンを利用した様々なサービスが出現しました．その中で今最も勢いのあるものは「シェアリング」のプラットフォームです．Uberは2009年にサンフランシスコでスタートしたカーシェアリングサービスで，車を所有する人が自分の車を使ってタクシードライバーになり，ユーザがスマホのアプリを使って呼び出すものです（図1）．

この配車サービスが従来と決定的に違うところはその利便性です．従来，タクシーを呼び出す場合は電話

図1　Uber Appのスクリーン
　　　（Version: Uber 3.86.5 APK）

番号を調べて，電話をかけ，自分の名前と場所と電話番号を告げなくてはなりませんでした．自分が今いる場所を言葉で説明するのは簡単なことではない上，情報の交換が通話でかわされるので，間違えることもしばしばです．一方 Uber では自分が現在いる場所を GPS で自動的に割り出してくれるので，リクエストボタンを押すだけで近所にいるドライバーをマッチングして大体 5 分以内に迎えに来てもらえます．自分の行き先をあらかじめ入力し，料金のシミュレーションをすることも可能で，現金の授受は全く行われず，すべてがアプリのプラットフォームの中で完了します．このサービスの優れている点は，アプリのインターフェイスが直感的で簡単なこと．ユーザは何の情報も入力する必要がなく，都市での移動を気軽に楽しむことができます．また，C to C で問題になる個人情報や金銭のやり取りをプラットフォームが請け負うことにより，安心して利用できることも利点です．ロサンゼルスは公共交通機関がほぼ皆無で，すべての人が自動車を所有するという前提で都市が機能しているので，飲酒運転は大きな問題であると同時に厳密に取り締まれないという問題がありますが，現在では多くの人が Uber を使ってパーティーに行くというスタイルをとっています．2015 年現在，Uber は 625 億ドルの資産価値[1]をもち 58 カ国 300 都市[2]で展開されています．

　Airbnb（エアビーアンドビー）は，個人が所有するアパートや家を旅行者などに短期的に貸し出すサービスで，こちらも爆発的な人気です．

　物件には，「Entire home / apt」，「Private Room」，「Shared room」という 3 つのパターンがあり，条件やシーズンによって値段が変わります．アメリカではリゾート地や観光地で貸し別荘（vacation rentals）が盛んで，多くの人が借りますが，従来のシステムでは仲介業者が入ることにより，時代遅れの予約システムで高額の手数料（30% から 50%）[3]を取られていました．Airbnb はホストが物件専用のページを作り，写真や

図 2　Airbnb App のスクリーン
（Version: Airbnb 16.02）

情報を掲載し価格や貸出可能な日程を設定します（図2）．自分の自宅を長期旅行期間中に貸し出して旅費を稼ぐスタイルや，投資用物件を購入して運用する人が増えています．Airbnbの手数料は一律3%[4]で従来のシステムより劇的に安価で運用できる上に，ホストにはゲストを選ぶ権利があります．双方に評価のシステムがあり，評判が悪い人は将来敬遠される恐れがあるので，できるだけ綺麗に家を使うことになります．予約，チェックイン，支払いなどのすべてのプロセスをアプリの上で直感的行えるように，UXやUIのデザインはとても洗練されています．また，物件の魅力を高めるためにインテリアのデザインに凝った美しい写真を撮る人も増えています．民泊は日本ではあまり馴染みのないスタイルですが，日本を訪れる外国人の多くは宿泊のオプションとしてホテルとともにAirbnbで検索します．東京オリンピックを控えて外国人が日本を訪れることが多くなっていく中で，大田区が民泊を解禁する条例を可決[5]するなど，旅行の新しいスタイルとしてAirbnbが定着することが予想されます．

　これらシェアリング・エコノミーの特徴は，ユーザが自分のモノをゲストと共有することにより2次的な収入を得ることです．プラットフォームの提供側は仕組みを作り上げて運用，そのシステムの上でユーザが小遣い稼ぎをし，コミッションを受け取るというビジネスモデルです．これはメンバーが独自に商取引をし，利益を上げるので双方にとって良い関係と言えるでしょう．また，それらのシステムの利便性をアプリによって高めることによって，個人間の商取引にありがちな問題を解決しています．

　Wikipediaによると「ヒップスター・サブカルチャーとは，主にジェントリファイされた地域に住む若い上流，中流のボヘミアンのことを指す．」[6]とされています．彼らはメインストリームから外れたヴィンテージ・ファッションやオルタナティブ音楽を好み，オーガニックな食材を食べ，進歩的な政治的価値観を持っています．これはテレビなどのマスメディアが押し付ける大量生産，大量消費の価値観に対するカウンターカルチャーで，より本物志向です．この傾向はコーヒーやレストランなどの方面で特に顕著で，オタク的職人がクオリティーを極限まで突き詰めていった結果，とても上質な商品を提供するビ

図3　Blue Bottle Coffee Echo Park（撮影：筆者）

ジネスが増えています.

　2015年に日本に上陸したブルーボトルコーヒーは，オークランドに本社があるサードウェーブコーヒーのチェーンです．お店では必ず注文ごとにシングルオリジン（1つの産地でのみ栽培されたコーヒー豆を使うことにより，風味の違いや特徴をより楽しむことができる）の豆を挽き一杯ずつ丁寧にドリップをします（図3）．彼らは日本のこだわりの喫茶店文化に影響を受けていて，ハリオなどの日本製の器具を使います．

　ヒップスターはヒッピーと違い，見た目の美しさをとても大事にするので，ブランディングからプロダクト，空間までトータルにパッケージされたデザインを好みます．デザインのスタイルとしてはミニマムでエッジの立ったものではなく，温かみのあるヴィンテージ感を求めます．ただ，ヴィンテージである必要はなく，あくまで見た目上のものであることから，ヒップスターは表層的だという批判も多くあります．

　南カリフォルニアのヒップスターの聖地とされているのがPalm Springsに2009年にオープンしたAce Hotel & Swim Clubです．既存のホテルのコーポレートスタイルとは間逆な，ヴィンテージでボヘミアンなAce Hotelのデザインは LA のヒップスターから多大な支持を得ています．ここでは，すべて目に見えるものがインスタグラムのフィルターを通したような，幻想的な世界観が作られています．Ace Hotelをデザインしたのは LA ベースの Commune[7] で，彼らのデザインは新しく見えるものを極力使わずに，時代感のあるものをセンスよくチョイスすると同時に，サプライズを起こさせます（図4）．ホテルの中庭にキャンピングカーを配置したり，レセプションに動物のジオラマ使うなど，ミッドセンチュリーモダンを少しリミックスしたデザインが若者たちに支持されています．Commune はインテリアデザインだけではなくブランディング，プロダクト，グラフィックなどデザインのすべての段階に関わる仕事をするので，全体的なユーザ体験をプロデュースします．

図4　www.commune.com
（2016/01/22 参照）

　シェアリングやヒップスターの現象がアメリカの文化に深みを与えているという点は評価できますが，ジェントリフィケーションによる弊害も目立ってきました．例えば，今まで5ドル程度でタコスを提供していた所

がヒップスターのレストランに姿を変えると，ランチに 15 ドルもかかるようになります．Blue Bottle や Intelligentsia のようなグルメコーヒーは一杯 6 ドルもします．またサンフランシスコでは，高収入のテックカンパニー社員が多く流入し，深刻な不動産価格上昇を招き反対運動が起こっています．また，不動産を所有するオーナーが月極でアパートを貸すよりも Airbnb を使って短期でレンタルしたほうが高収入を得られるのでアパートの供給が少なくなり，サンタモニカやベニスなどのエリアでは家賃の高騰につながっています．すべて Airbnb だけのせいではありませんが，2015 年にはロサンゼルスのホームレスの人口が 2013 年から 55% も増えました[8]．その反面，苦学生や低所得者は Uber を使って働くことにより生活費を工面しています．テクノロジーが社会の仕組みを変化させていることは確実で，その変化にうまく適応していけるかどうかが，これからの格差を決定する上での大きな要因になるといえるでしょう．

　Uber や Airbnb などのシェアリングプラットフォームの競争は苛烈です．その中で彼らが生き残ってきた決定的な要因は，美しく直感的で簡素な UX と UI のデザインであるのは間違いありません．ユーザの使い方のデータを常に集めてアップグレードを繰り返していく中でアプリの完成度は高まっていき，シンプルに見えるデザインも，実は膨大な知恵の集積の上に作られています．一度，よく使うアプリのデザインを注意深く観察してみてはどうでしょうか．また，表層的な世界観だという批判もありますが，ヒップスターカルチャーがアメリカの文化を高いレベルに押し上げているのは事実です．空間，家具，プロダクト，音楽，ファッション，コーヒー，グルメなどのエレメントを 1 つの世界観を持ったストーリーとしてパッケージするという手法はとても効果的です．1 つの専門に限らず，より幅広いエリアを横断的にプロデュースするという能力がこれからのデザイナーに求められる能力ではないでしょうか．

[大島陽，Amisoy, LLC/ creative director, Art Center College of Design / Assistant Professor, USA]

---

1　"Uber Raises Funding at $62.5 Billion Valuation/ Bloomberg News.
　　http://www.bloomberg.com/news/articles/2015-12-03/uber-raises-funding-at-62-5-valuation
　　（2016/01/20 参照）
2　"Where is Uber Currently Available?". Uber.com
　　https://www.uber.com/cities（2016/01/22 参照）

3 How to Hire a Vacation Rental Property Management Company / Evolve Vacation Rental
http://blog.evolvevacationrental.com/how-to-hire-a-rental-property-management-company/
（2016/01/20 参照）
4 What are host service fees? / Airbnb
https://www.airbnb.com/help/article/63/what-are-host-service-fees（2016/01/22 参照）
5 Airbnb 民泊が東京・大田区で解禁へ．国内初の条例制定へ
http://airstair.jp/airbnb_law/（2016/01/22 参照）
6 Hipster（contemporary subculture）
https://en.wikipedia.org/wiki/Hipster_（contemporary_subculture）（2016/01/22 参照）
7 Commune Design
http://www.communedesign.com/（2016/01/20 参照）
8 L. A. tops nation in chronic homeless population / LA Times
http://www.latimes.com/local/california/la-me-homeless-national-numbers-20151120-story.html
（2016/01/22 参照）

# 3章 製品とUX・ストーリー・感情の関係

3章では，UXとストーリーが製品とどのように関わり，ユーザにどのような感情を生成するのか説明する．サービスデザインを行う上での基本的骨組みでもある．

## 3.1 システム，ヒト，環境と人とのやりとり

### 1 UXにおけるやり取りの種類

UXにおけるやり取りの種類は人間から見た場合，(a)人，(b)システム，(c)環境の3種類と，(d)人間自身のやり取りが考えられる．システムは大型施設，電化製品，生活用具，道具やソフトウェアなどのモノ，コトの人工物の世界である．一方，人工物の世界に対して，自然の世界として環境を定義している．以上の4分類における人間とのやり取りは，主に以下の項目が考えられる．

**(a) 人—人のやり取り**

①相手の良さから体験が得られる．
②相手のパフォーマンスの良さから体験が得られる．
③相手のおもてなしから体験が得られる．
④相手とシステムとの共同作業から体験が得られる．

**(b) 人—システムのやり取り**

①システムの良さから体験が得られる．
②システムのパフォーマンスの良さから体験が得られる．
③システムの有用性から体験が得られる．
④システムの魅力から体験が得られる．
⑤システムのおもてなしから体験が得られる．

**(c) 人—環境のやり取り**

環境の良さから体験が得られる．

### (d) 人間自身とのやり取り

自分自身の行動から体験が得られる．

## 2 UX（やり取り）の結果生まれる感覚の種類[1]

以上のやり取りから，主にサービスデザインに活用できそうなUXによる感覚を下記に示す（図3.1）．

(1) 非日常性の感覚

日常生活ではあまり体験したことがないような感覚をいう．例として，旅行，イベント，コンサートなどで得られる感覚である．

(2) 獲得の感覚

有益な情報，知識，モノやスキルなどの獲得や商品を購入したり，贈り物を受け取ったときに得られる感覚である．

(3) タスク後に得られる感覚（達成感，一体感，充実感）

モノを作った達成感，プロジェクトの完遂の充実感，仲間と一緒に作業し

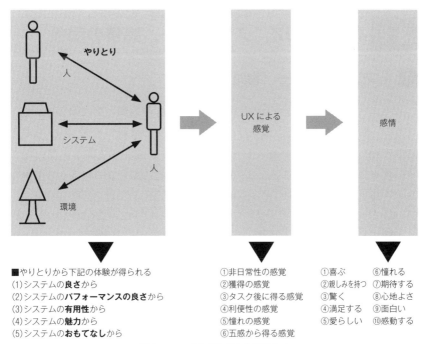

図3.1　UXのやり取りから感情まで

た一体感などのタスクを実行した後に得られる感覚である．
(4) 利便性の感覚

　Webサービス，交通ICカードの相互利用などの便利さや電動自転車のように，製品の持つ利便性に対して得られる感覚である．
(5) 憧れの感覚

　ブランド品，なかなか手に入らない新製品，ディズニーランドや好きなアーティストの作品に対する憧れの感覚である．
(6) 五感から得る感覚

　視覚，聴覚，嗅覚，味覚，触覚の五感から得ることができる感覚である．例えば，暖かい柔らかい布団で寝る，3D映画を視聴する，好きな音楽を聴く，秘湯につかる，香水を嗅いだとき，などである．

　以上の獲得の感覚，タスク後に得られる感覚，利便性の感覚，憧れの感覚は主に精神面に係る事項であり，身体面に係るのが五感から得る感覚である．非日常性の感覚は精神面と身体面が混ざった感覚と考えられる．

## 3.2 製品とUX，ストーリー，感情の関係[1]

### １ 4つのストーリー（物語）

　ストーリーの種類を，我々の生活と関係の深い時間軸と空間軸から分類してみる．時間軸から過去と現在の視点から，歴史と最新のストーリーを考えることができる．ここでのストーリーはUXから発生するストーリーなので，将来の視点は考慮しない．一方，空間軸では二項対立の視点から架空の世界と現実の世界のストーリーを抽出した．
(1) 歴史のストーリー

　古くからの由緒ある旅館やデパートなどである．このような旅館に行くと我々は自然と歴史のあるストーリーを感じるであろう．
(2) 最新のストーリー

　最新の技術，設備やデザインなどの持つ情報から我々は共感を呼ぶのである．

(3) 架空のストーリー

ある架空のストーリーを埋め込んだ遊園地や施設が該当する．この架空のストーリーは製品やシステムのブランド化につなげやすい．

(4) 現実のストーリー

現実に行っていること（仕事，イベントなど）である．例えば，スーパー，ホテル，病院，レストラン，メーカなどが，顧客志向の様々なサービスを展開し，現実のストーリーとして顧客の共感を呼んでいる．

これらの4項目は，単独で存在する場合もあるが，重複する場合もかなりある．歴史のあるメーカが最新技術を誇る製品を販売するとか，歴史のある由緒正しい旅館が最新式の設備を誇るなどの事例は多くある．

我々は見る対象物やシステムに宿る（作られた）イメージに対応するストーリーから何らかの意味を感じ取り，共感し，感情が生じる．高齢者の顔を見ると，様々な顔のしわ，日焼け，うすい頭髪などの特徴から，今まで生活してきた歴史や苦労を推測し，共感し感情が生じる．また，山奥に置かれたお地蔵さんの風雪に耐えた顔を見ても同様の感情が生じる．一方，モダンな最新の建物や製品を見ると最初は驚くのであるが，しばらくするとあまり感じなくなるのはなぜであろうか？　これは，ストーリーを感じないので，単なる形状や色彩に驚いただけであるのが分かる．しかし，こういう建物や製品も，時間をかけて使い込んでゆくと歴史というストーリーが生成されて，人々に共感されるようになるだろう．

ストーリーは自然に作られる場合もあるだろうが，作り込んでいき，顧客に共感を得るようにデザインしなければならない．また，そのストーリーを知らしめる必要もある．そのために，情報の発信能力を高め，人々とのストーリー情報の共有化を図る必要がある．

## 2 感情について

外界から感覚器官を通じて，様々な刺激を受けた人間は感覚を得て，感情を生じる．このプロセスを解明するのが本書の目的ではないので，このようなシンプルなモデルで考察してゆく．感情の種類は，様々な提案がされているが，本書ではモノ作りの観点から，多少粒度が異なるが，下記の10項目に絞り込んだ．

①喜ぶ，②親しみを持つ，③驚く，④満足する，⑤愛らしい，⑥憧れる，⑦期待する，⑧心地よさ，⑨面白い，⑩感動する

感情は主観的な体験であり，転移性，鈍磨性，変化性があり，非局所性がある[2]．転移性とはあるモノが感情を引き起こした場合，それに類似のものにも同様な感情を持つ傾向を意味する．鈍磨性とは，感情を生成した刺激を繰り返して経験すると，新鮮さを失ってゆくことをいう．これは狩野モデルの魅力的品質が当たり前品質（基本品質）に変質するのに似ている[3]．変化性とは，感情は状況により変わりやすいことをいう．感情の非局所性とは，感覚・知覚は刺激に対し局所（手，足など）な体験であるが，感情は全身で受け止める非局所的体験であると言える．以上から，ストーリーを検討する際，特に感情の転移性と鈍磨性を考慮して，独自のストーリーにするのか，汎用性のあるストーリーにするのか検討する．汎用性のあるストーリーにすると，感情の転移性により繰り返し経験することになり，感情の鈍磨性により新鮮さを失うことに注意を払う必要がある．例えば，乗用車で，売れ筋のデザインに似たデザインにすると共感を得るので，ある程度の販売量は確保できるかもしれないが，感情の転移性により鈍磨性が起こり新規性を失う可能性が高い．そうすると発売時にはそれなりに売れるが，時間が経つにつれて販売量が落ち込むことが予想される．ポイントは，鈍磨性を配慮して，顧客を飽きさせないようにストーリー戦略を構築することである．

## 3 製品の3属性とUX／物語との関係

製品の3属性として，①有用性，②利便性，③魅力性[4]がある．この3製品属性，ストーリー，UXによる感覚，および感情の関係を図3.2で示す[1]．図3.2では，有用性と利便性は同じ構造を持ち，最新のストーリーと現実のストーリーに深く係っているのが分かる．魅力性に関して，歴史，架空，および最新のストーリーに関係している．これらの関係は，絶対的な関係ではなく，あくまでも1つの見方であるのを理解してほしい．

次に，このフレームを活用してストーリーを作ってみたい．
(a) 事例1（図3.3）

病院で，最新の医療機器（有用性）を導入（最新の物語）すると，患者や

3.2 製品とUX，ストーリー，感情の関係

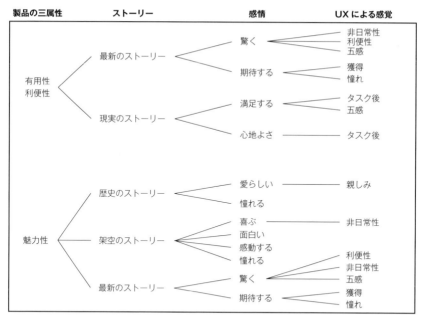

図 3.2 製品の三属性と UX・物語との関係

病院で，最新の医療機器（有用性）を導入（最新の物語）すると，患者や入院希望者は期待する（感情）．また，彼らが憧れの感覚（UXによる感情）を持つようにすると期待する（感情）ようになる．

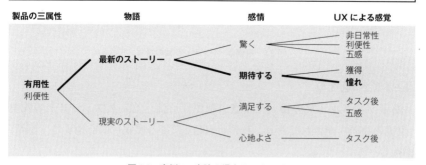

図 3.3 事例 1 病院の場合のストーリー

入院希望者は期待する（感情）．また，彼らが憧れの感覚（UX による感覚）を持つようにすると期待する（感情）ようになる．

49

あるソフトウェアの使いやすさ（**利便性**）は，インタフェース上の配慮（**現実の物語**）がされており，操作後(**UX**)に心地よさ（**感情**）が残る．

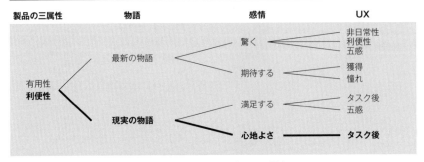

図3.4　事例2　ソフトウェアの場合

架空のシンデレラ城（**魅力性**）を建設（**架空の物語**）すると，利用客は夢を感じて**喜ぶ**．また，**非日常性**のUXの蓄積により利用客は喜びを得ることができる．

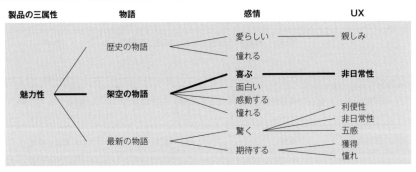

図3.5　事例3　シンデレラ城の場合

(b) 事例2（**図3.4**）

あるソフトウェアの使いやすさ（利便性）は，インタフェース上の配慮（現実の物語）がされており，操作後（UXによる感覚）に心地よさ（感情）が残る．

(c) 事例3（**図3.5**）

架空のシンデレラ城（魅力性）を建設（架空の物語）すると，利用客は夢を感じて喜ぶ（感情）．また，UXの蓄積により非日常性（UXによる感覚）を得て，利用客は喜び（感情）を得ることができる．

> 和菓子の**魅力**を伝えるためにそのルーツを示すと（**歴史の物語**，POP など），利用客は**親しみの体験**（広報，試食など）を通じて，**愛らしく**思う．

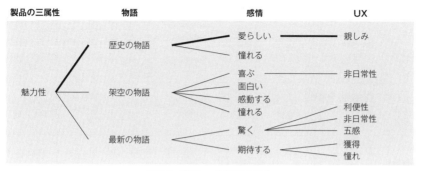

図 3.6　事例 4　和菓子の場合

(d) 事例 4（**図 3.6**）

和菓子の魅力を伝えるためにそのルーツ（歴史のストーリー，POP など）を示すと，利用客は親しみの体験（広報，試食など）を通じて，愛らしく（感情）思う．

以上のように，このフレームを使うことにより，様々なストーリーを考えることができる．また，このフレームを改良して，独自のストーリーを作るのもよい．

## 3.3　UX タスク分析から UX 度，ストーリーを作る

### 1 UX タスク分析からストーリーを作る

2 章で紹介した UX タスク分析を用いて，それぞれのタスクに対してどのような UX を作り，どのようなストーリーにまとめるのか検討する．2 章の図 2.17 の問題点（情報入手，理解・判断，操作の部分）などを削除し，分かりやすくし，ストーリーを決めたのが**表 3.1** である．本来は構造化コンセプトを作り，サービスの方針を決めて，それに対応してストーリーや UX が定まってゆくのである．ここでは，現実のお店での問題点から UX タスク分析に基づいて，改良案とストーリーを作成した．

表 3.1 UX タスク分析に基づくストーリーの構築

| | | (1)顧客の入店 | (2)顧客の注文時 | (3)配膳 | (4)食事中 | (5)支払い | (6)店を出る |
|---|---|---|---|---|---|---|---|
| やりとり | | 大きな声で挨拶する | 有名人の色紙について，説明する | 有名な地名の手打ちそばなので，その由来や特徴を説明する | 箸，皿，テーブル，椅子などへの気配り，レイアウトの配慮する | 食事が良かったのか確認をする | ・従業員の挨拶<br>・店を出る際の快適なドア操作 |
| UXによる感覚 | 非日常性，利便性，五感，獲得，憧れ，親しみ，タスク後 | 「親しみ」の感覚 | 「親しみ」の感覚 | 「親しみ」の感覚 | 「五感」からの感覚 | 食事による「獲得」の感覚 | 「親しみ」の感覚と「五感」からの感覚 |
| 感情 | 期待，感動，満足，驚く，喜ぶ，面白い，憧れる，愛らしい，心地よさ | 「期待」の感情 | 「感動」と「驚く」の感情 | 「満足」の感情を | 「心地よさ」の感情 | 「満足」の感情 | 「感動」の感情 |
| UX度 | UX5 レベル | | | | | | |
| | UX3 レベル | | | | | | |
| | UX1 レベル | | | | | | |

↓

歴史および現実のストーリー：
歴史を生かし，対応の良いお店にして，そこのファンになるようにする

## 2 UX タスク分析から UX 度を求める

　表 3.1 では 2 章の表 2.1 と異なるのが，横方向にタスクの流れを書けるようにし，さらに UX の度合いを 5 段階にして評価し，可視化できるようになっている．

## 参考文献

[1] 山岡俊樹：デザイン人間工学に基づく汎用システムデザインプロセス，pp.2-11，日本デザイン学会誌デザイン学研究特集号，第 22 巻 1 号，通巻 85 号，2015.
[2] 白佐俊憲（編著）：女子学生のための生活心理学入門，pp.76-78，エフ・コピント・富士書院，1995.
[3] 髙須久：魅力的品質の創出，pp.895-897，品質管理 44 号，(財)日本科学技術連盟，1993.
[4] Null, R. L., Cherry, K. F.: Universal design, Professional Publications, Inc., p.116, 1998.

# 4章 制約（枠組み）と制約条件

　我々の思考や行動は，それらに係る様々な制約や制約条件により規定されていると言える．我々の身の回りには様々な商品，システムがあるが，それらは制約・制約条件とどう関係があるのか？　制約・制約条件を無視してデザインができるのか？　本章ではそれらについて言及する．また，制約条件は5章以降で紹介する汎用システムデザインプロセスの根幹を成す基本的考え方でもある．

## 4.1　制約と制約条件とは

　制約とは「システムあるいはその上位項目から下位項目を決める際に必要となる制限や検討範囲（枠組）」と定義する．したがって，制約は枠組という意味合いでもある．一方の制約条件は「システムあるいはその上位項目から下位項目を決める際にそれに係る検討範囲（枠組）を限定する条件」と定義する．前提条件はある事項が成立するための条件であるので，場合によって制約条件は前提条件として意味されることもある．

　我々の生活は，時空間に存在し，日常生活と非日常生活の中で営まれている．別の言い方をすると，我々の生活は様々な制約条件の下，体験に満ち溢れている．しかし，その大半は意識されず，その特徴的な一部が体験として意識される（**図 4.1**）．

　制約条件は我々の身の回りに多くある．例えば，自宅から鉄道の駅まで行く際，理想的には両地点を結ぶ直線コースが最短であるが，現実には道路という制約条件があり，これに従って，目的地の鉄道駅まで行かねばならない．実は，このように様々な事例を通して考えてみると，我々の思考，行動や操作は，様々な制約条件の下で成立しているのがわかる．そもそも地球自体が太陽系の惑星という制約条件の下で成り立っている．

　思考は社会的制約，文化的制約，環境的制約，歴史的制約などの様々な制約条件の中で行われている．思考を取り巻くこのような制約条件が変わらな

4章 制約(枠組み)と制約条件

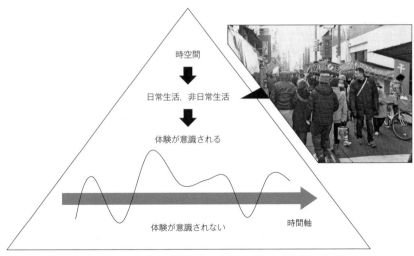

図 4.1 我々の生活には制約条件において，体験に満ち溢れている

い限り，新しい思考は生まれないだろう．100 年前，1000 年前の人々の行為は，現在から考えると野蛮であったり，非人道的な行為が平然と行われたのかもしれないが，それらの行為は当時の制約条件の中では許容される程度であったのであろう．人類は今まで制約条件を変えて，新しい思考を獲得してきたのである．行動も同様である．ある X 地点から Y 地点に行くとき，通常はその間を結ぶ直線である最短距離を行くのが合理的である．しかし，もし Y 地点に行く途中に湖や山がある場合，どうするであろうか？ その場合，我々は山を越えるコストと回り道をするコストを計算して，決断する．もし山の高さが 30 m と低く，木が少なく見通しが良ければ，山に登るかもしれない．あるいは，高さが 1000 m の高い山ならば，登らず迂回していくであろう．湖の場合は池などと違って大きく深いので，迂回せざるを得ない．このように，Y 地点に行く行為は湖や山という制約条件により影響を受ける（**図 4.2**）．操作も同様で，機器を操作する場合，機器の持っている様々な制約条件により影響を受ける．我々が馴染んでいる電卓を操作する場合，計算したい数値をキー入力するという制約条件があり，計算出力結果が液晶ディスプレイに表示される．この液晶ディスプレイを見るには，ユーザの見る最適な角度や，照明の光がディスプレイに反射してまぶしさを感じるグレアを排除するなどの制約条件がある．

54

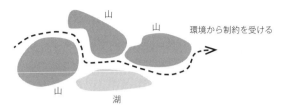

図 4.2　環境から行動が制約を受ける

## 4.2　我々の思考，行動に制約を与える様々な制約

　我々は物理的な空間と時間軸上で生活をしているが，組織化された人間の集団である社会の一員でもある．また，我々は空間内，時間軸上で，道具・機械・システムを用いて，仕事などの様々な事項の目的を達成し，社会へ貢献している．このような視点から，我々の思考，行動に制約を与えるのは，以下の5項目と考えられる（**図4.3**）．

①社会・文化・経済的制約
②空間的制約
③時間的制約
④製品・システムに関わる制約
⑤人間に係る制約（思考，感情，身体）

　5つの制約条件に対して，筆者が提唱しているHMI（Human-Machine Interface）の5側面（身体的側面，頭脳的側面，時間的側面，環境的側面，運用的側面）とその各側面に包含される3項目を活用して示す．

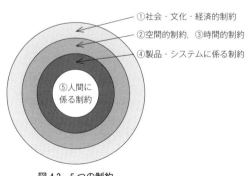

図 4.3　5つの制約

## ❶ 社会・文化・経済的制約

　我々が所属している社会が我々に与えている制約である．社会的制約は社会を円滑にするための社会の成員の合意であり，また統治者が自分たちの都合のよい統治をするための決められたものとも考えることができる．例えば，江戸時代の士農工商の考えから，お金を儲けることは卑しいことと人々に刷り込まれ，現在までその影響が残っている．

　社会は，家族，所属組織，地域，国などのレベルから地球レベルの階層構造になっている．それぞれの階層で我々の行動，思考を規定する制約がある．その社会が歴史上育んできた価値から社会的制約は制約を受けている．歴史のある組織は様々な制約条件を成員に与えている．例えば，100 年，200 年と続く商家と，新しくできた商店とは明らかに違うであろう．

　文化的制約は，文化が我々の思考や行動などに与えている制約である．国別，あるいは国内でも地域ごとの特徴を見出すことができる．例えば，欧米では自己 PR が必要であるが，わが国では自慢と取られ，まだバイアスがかかっているようである．色彩では国，地域での忌避色があり，これも文化的制約となっている．このように我々は様々な文化的制約を受けているが，気が付いていない．

　経済的制約は文字通り経済的要素が我々の思考や行動等に与えている制約である．我々の行動はかけるコストとのバランスによって決まるであろう．価値のある行動ならば，コスト的に無理しても実行するだろう．

　HMI（人間―機械系，Human-Machine Interface，システムや組織の運用的側面）に限れば，以下の 3 項目を検討する．

①システム（組織）の方針
②情報の共有化
③メンバーの活性化（モチベーション）

## ❷ 空間的制約

　空間的制約は，我々が空間あるいはそれに含まれる要素から受ける身体的および精神的な制約である．例えば，海洋では，我々が小舟で航海するには波という制約条件があるだろうし，大型船舶ならば，それだけでなく海上交

通や浅瀬による座礁という制約条件がある．昔，サンフランシスコ市内にあるF・L・ライトがデザインした旧モリス商会の建物の内部を見学したとき，従来の空間デザイン（精神的）の制約を脱した今まで見たこともない柔らかな空間で驚いた記憶がある．

空間は社会と連動しており，家族→住空間，所属組織→労働空間，地域→地域空間などと関係があり，例えば，住空間を考える場合，社会の一単位である家族も検討する必要がある．あるいは，場面も時間的制約と絡むが，空間的制約に入れてよいだろう．

HMI（環境的側面）に限れば，以下の3項目を検討する．
①温度，湿度，気流
②照明
③騒音，振動など

### 3 時間的制約

時間的制約は我々の行動に影響を与える時間の持つ制約である．

例えば，海外渡航の飛行機に搭乗するのに，搭乗時間の約2時間前に空港に来る必要があり，それが制約条件となり，前日には何時に寝なければいけないのか決まってくる．

時間を客観的と主観的に見る見方がそれぞれあるが，本書では両者を包含して考えている．時間を客観的に捉えれば，時間は常に一定である．しかし，我々がよく経験するのは，子供の頃の1年間と大人になって職に就いてからの1年間の主観的な時間差である．子供の頃の時間は長く，大人になると短いと感じるのである．その理由はいろいろあるであろうが，時間に対して主観的な捉え方があることを記銘する必要がある．

HMI（時間的側面）に限れば，以下の3項目を検討する．
①作業時間
②休憩時間
③機械からの反応時間

### 4 製品・システムに関わる制約

製品・システムに関わる制約は，製品やシステムの持つ機能を中心とした

属性が我々の行動,思考に影響を与える様々な制約をいう.例えば,660 cc のエンジンを持つ軽自動車に関し,我々はそのエンジンの持つ制約条件から時速200 kmは出せないし,10人も乗せることはできないと判断することができる.モバイルPCならば,通常,使い勝手などの使用実態から10.4-12.1インチの液晶搭載の1 kg前後という制約が抽出される.さらに,制約を分解してハード(モノ)とソフト(コト)に分けても検討してもよい.

製品やシステムの構成要素として,以下の3項目[1]がある.

①有用性(useful)
②利便性(usable)
③魅力性(desirable)

有用性は役に立つことを意味し,機能面のウエイトが高い.利便性は便利さを言い,主にユーザビリティ(使いやすさ)が絡んでいる.魅力性は人の心を引きつける性質で,デザインが対応する.これらの観点からハードとソフトを考えてみる.ハードは主にユーザに有用性を与えるモノでありシステムである.ソフトはユーザに主に利便性,魅力性を与えるコトである.ハード,ソフトおよび有用性,利便性,魅力性の3項目はユーザの行動や操作の制約条件となる.例えば,先の電卓の例で言えば,手や指の大きさは,利便性に係る制約条件になり,魅力性である形状や色彩はユーザの嗜好の制約条件となる.

本章の最後で紹介している70デザイン項目で言えば,エロコジーデザイン(5項目),ロバストデザイン(5項目),メンテナンスデザイン(2項目)が関係している.

## 5 人間に係る制約(思考,感情,身体)

人間に係る制約は,人間の行動,判断などに影響を与える制約で,その思考,感情や身体運動などが該当する.10年程前,ローカル線で電車の床に平然と座っていた中学生を何回も目撃し,驚いた記憶がある.彼らは構わないという思考かもしれないが,その後,鉄道会社による排除のPRにより,つまり社会・文化的制約からこのような行為を見かけなくなった.人間の思考,感情は社会・文化的制約などから,意識はしていないが,かなり影響を受けている.

また，人間の身体構造からも，その行為，行動は制約を受けている．自動券売機を操作する際，操作部分の高さは，人間の身体寸法から制約される．また，液晶ディスプレイに表示される文字の大きさは，視距離と人間の目の解像度から制約される．また，その操作画面の情報は，画面を作成したデザイナーのメンタルモデル（ここでは操作イメージと定義する）に制約される．つまり，ユーザはデザイナーのメンタルモデルと一致しないと操作ができないからである．さらに，それらの行為はUX（ユーザ体験）となり，様々な感情を引き起こす．

　HMIに限れば，以下の身体的側面と頭脳的側面の各3項目を検討する．

・身体的側面：①位置関係（姿勢），②フィット性，③トルク
・頭脳的側面：①メンタルモデル，②見やすさ，③わかりやすさ

　70デザイン項目のユーザインタフェースデザイン項目（29項目），ユニバーサルデザイン項目（9項目），感性デザイン項目（9項目）や安全性（PL）項目（6項目）に関係している．

## 4.3　システムに制約を与える5つの制約条件[2][3]

　システムに影響を与える制約は，インプット部分，アウトプット部分およびシステム部分に分けて考えられる（**図4.4**）．システム部分はさらに，シ

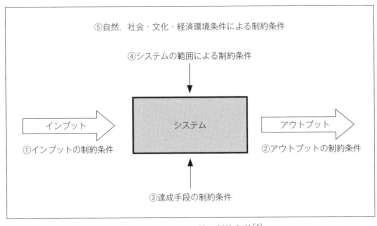

図4.4　システムに係る制約条件[4]

ステムを達成させるための手段，システムの存在が問われる自然，社会・経済環境条件とシステムの範囲に分けることができる．

**①インプットの制約条件**

入力に必要な労働力，資金，原料，エネルギー，情報などが制約条件となる．

**②アウトプットの制約条件**

一般的に言えば，後述する目標の項目（6章）が該当する．①機能性，②信頼性，③拡張性，④効率性，⑤安全性，⑥ユーザビリティ，⑦楽しさ，⑧費用，⑨生産性，⑩メンテナンスなどである．厳密に考えれば，コンセプトは目標を受けて決めた具体的項目なので，コンセプト項目がアウトプットの制約条件と該当する．

**③達成手段の制約条件**

モノを作るための製品技術，生産技術などの工学技術上の制約条件，およびモノを運用するための経営，マネージメント技術がある．

**④自然，社会・経済環境条件による制約条件**

機器やシステムが自然，社会・経済環境下で使われたり，稼働するので，自然，社会・経済環境に係る制約条件を検討しなければならない．

**⑤システムの範囲による制約条件**

システムには範囲があり，その範囲により制約条件は定まる．システムのインプット方向に伸ばすことを上方展開といい，同様にアウトプット方向を下方展開という．例えば，製造業というシステムが，その範囲を広げて，製品の販売まで広げる下方展開を行うとその制約条件は変わる．

## 4.4 制約条件の強弱

制約，制約条件には，強い場合と弱い場合がある．強い制約条件は飛行機に乗り海外に行く場合が考えられる．一方，東京から大阪に行く場合，交通手段を選択する制約条件は弱くなる．その場合，搭乗予定の飛行機が欠航しても，代わりに新幹線や高速バスを利用することができる．

デザインを行う際，この制約条件の強弱を考える必要がある．由緒ある料亭・旅館や会員制のクラブでは，主に固定客のみを対応し，新規顧客に対し

て強い制約条件を設けている．つまり，顧客の絞り込みを行い，これにより
その店舗の特徴を明確にしている．その逆は総合スーパーなどで，顧客に対
して制約条件を設けていない．しかし，そのため，総合スーパーの特徴を
失っている．また，バスや電車の優先席の表示は一応されているが，その強
制度は弱い．これは，あくまでも強制するものではなく，利用者の自発性に
任せていると思われる．また，優先席を使う該当者がいない場合は自由に
使ってもよいというメッセージもあるのだろう．もし，強制的に優先席を示
したいならば，誰でも認識できる着座部に表示すれば解決が付く．

## 4.5 制約条件に基づく発想法とデザイン方法

　従来の発想方法なりデザイン方法は，大まかな制約条件の下で，思いつく
アイディアや形状を求める方法を採用している（**図 4.5**）．つまり，大まか
な制約条件でアイディアを考えた方がいろいろなアイディアが出るので良い
とされているためである．そうすると確かに面白いアイディアは多く出せる
のだが，面白いだけの場合が多く，役に立たない場合が多い．確かに，この
面白いアイディアから連想されて別のアイディアが生まれることもあろう．
しかし，発想やデザインは，ある目的のために行われるので，その目的に
合った適切なアイディアが生まれなければならない．ただ，コストは厳しい
が，ここまでなら許容できるという範囲（許容制約条件）を示すと，斬新な
アイディアやデザインが生まれる可能性が高い．従来の場合，制約条件を嫌
うのは，このギリギリの許容できる範囲を示さず，この限界制約条件のみ示

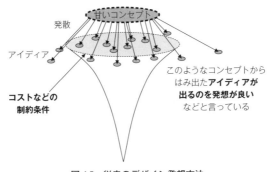

図 4.5　従来のデザイン発想方法

4章　制約（枠組み）と制約条件

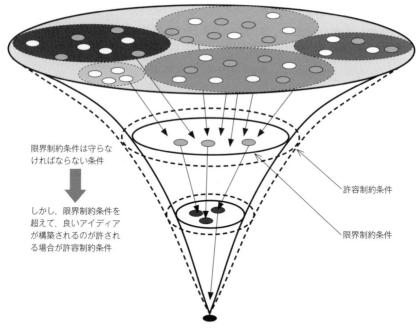

図 4.6　許容制約条件と限界制約条件

すためである．この許容範囲の大きさは，その企業の力量（競争力，企業の方針など）によって決まる（**図 4.6**）．

　通常，発想する場合，アイディアの発散を行い，幅広いアイディアを出し，そこでグループ化を図る．そのグループ化による構造からアイディアの収斂を行うのである．しかし，出したアイディアが偏っているとグループも偏ったものとなる．本書の制約条件による発想の特徴は，発散をしないで，目的と5つの制約条件から即，グループ化を行うことである．したがって，偏ることなくグループ化が可能となる．収斂は従来と同じで，次項で示すがタスクにより収斂させる．

### 1 制約条件に基づく発想手順

　制約条件に基づく発想（デザイン）方法は，決めた制約条件（限界制約条件と許容制約条件）の中で最適なアイディアを求めるという効率の良いやり方である．以下に手順を示す（**図 4.7**）．

4.5 制約条件に基づく発想法とデザイン方法

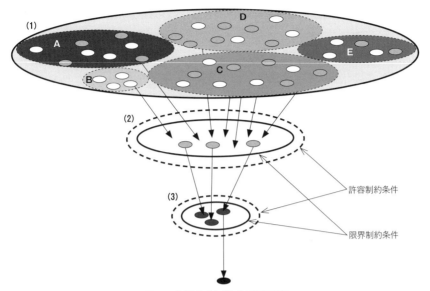

**図 4.7 制約条件に基づく発想手順**
(1)制約条件を決める例では(A)から(E)までの領域からアイディアを出すことにした．(2)許容制約条件と限界制約条件を決める各アイディアが制約条件に適合しているのを確認する．(3)分解した領域から直接，またはタスクの観点からアイディアを出すか，あるいは下記の5制約条件からアイディアを絞り込む．①インプットの制約条件，②アウトプットの制約条件，③手段の制約条件，④自然，社会・経済環境条件による制約条件，⑤システムの範囲による制約条件．

(1) まず，制約条件を設定する．制約条件として以下が考えられる．
　(a) 前述した5つの制約から分解する．
　　　①社会・文化・経済的制約，②空間的制約，③時間的制約，④人間に係る制約（思考，感情，身体），⑤製品・システムに関わる制約，から分解する．
　(b) 二項対立の視点から分解する．
　　　二項対立は言葉通り2つの概念が対立していることを意味し，部分・全体，日常・非日常などがある．
　(c) ある概念の構造（外延，内包）[5][6]から分解する．
　　　外延は適用される対象の集合であり，内包は対象の共通する性質である．この外延と内包から構造化が可能となる．例えば，住宅の概念を考える際，外延は平屋，三階建て，マンション，アパート，長屋などがあり，内包は人が住むところとなる．

63

以上の(a)から(c)の視点を組み合わせて,さらに絞り込んでも良い.例えば,(b)二項対立を利用して大別した後,(a)5つの制約でさらに絞り込むこともできる.
(2)制約条件(制約条件の範囲:限界制約条件と許容制約条件)の範囲を決める.

　例えば,許容制約条件を緩くして,斬新で従来にない製品のアイディアを求めるのか? あるいは,限界制約条件を厳密に決めて,改善レベルのアイディアにするのか?
(3)分解した領域に対し,分解した領域から直接アイディアを出すか,または時間軸に対して,人間が絡む場合,タスク(Job(仕事)を分割したもの)の観点からアイディアを創出してもよい.あるいは前述したシステムに制約を与える5つの制約条件からアイディアが絞り出される.
　①インプットの制約条件
　②アウトプットの制約条件
　③手段の制約条件
　④自然,社会・経済環境条件による制約条件
　⑤システムの範囲による制約条件

　具体的に考えてみよう.液晶の活用先のアイディアを求めたい場合を考える.通常,4-5人のエンジニア,デザイナーや関係者が集まり,ブレーンストーミングなどにより様々なアイディアが出るだろうが,網羅的に出ている訳でないで注意を要する.そこで,この制約条件に基づく発想法を行ってみる(**図 4.8**).
(1)制約条件の設定
　　制約条件として,使用空間が一番重要と考え,日常空間と非日常空間の二項対立からアプローチする.日常空間は家庭空間,オフィス空間,通勤空間,非日常空間として,旅行空間,イベント空間を考える.
(2)制約条件(限界制約条件と許容制約条件)の範囲
　　限界制約条件は現状のコスト内に収まることであるが,許容制約条件は現状のコストの1.5倍まで許容するとする.
(3)時間軸としてのタスクの観点からアイディアを出す
　　それぞれの5つの空間に関して,時間軸で液晶の活用を発想してゆく.

## 4.5 制約条件に基づく発想法とデザイン方法

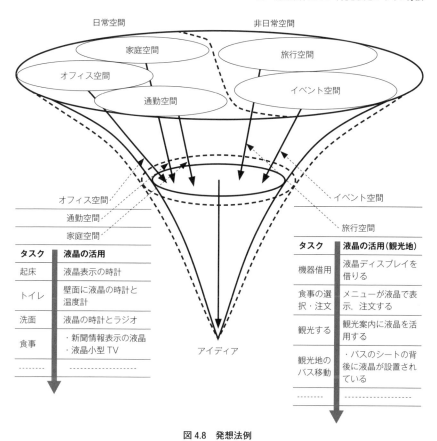

図 4.8 発想法例

日常の家庭空間の場合，朝起きてから出社して，帰宅から就寝までの各活動（タスク）に対して，液晶がどのように活用できるのか検討する．通勤空間ならば，駅の構内，ホームや電車内での情報提供（鉄道に関する情報だけでなく，災害時の情報など）が考えられる．非日常空間でも同様である．

既存のアイディア発想法のように闇雲にアイディアを絞り出すのではなく，短期間で，効率的に，網羅的にアイディアを出すには制約条件を活用した発想法が効果的である．

## 2 制約条件に基づく発想を助ける項目

前述した(c)ある概念の構造（外延，内包）から分解するための項目を以下に示す．

【HMIの5側面】
(1) 身体的側面（①位置関係（姿勢），②フィット性，③トルク）
(2) 頭脳的側面（①メンタルモデル，②見やすさ，③わかりやすさ）
(3) 時間的側面（①作業時間，②休憩時間，③機械からの反応時間）
(4) 環境的側面（①温度，湿度，気流，②照明，③騒音，振動など）
(5) 運用的側面（①システム（組織）の方針，②情報の共有化，③メンバーの活性化（モチベーション））

【70デザイン項目】
デザインを行うための70デザイン項目である．

### (a) ユーザインタフェースデザイン項目（29項目）
①寛容性・柔軟性，②習熟度対応，③ユーザの保護，④ユニバーサルデザイン，⑤異文化対応，⑥楽しさ，⑦達成感，⑧ユーザの主体性の確保，⑨信頼感，⑩手がかり，⑪簡潔性，⑫検索容易性，⑬一覧性，⑭マッピング，⑮識別性，⑯一貫性，⑰メンタルモデル，⑱情報の多面的提供，⑲適切な用語・メッセージ，⑳記憶負担の軽減，㉑身体的負担の軽減，㉒操作感，㉓操作の効率

**共通手段**
㉔強調，㉕アフォーダンス，㉖メタファ，㉗動作原理，㉘フィードバック，㉙ヘルプ

### (b) ユニバーサルデザイン項目（9項目）
①調整，②冗長度，③仕様，機能が見える，④フィードバック，⑤エラーに対し寛容，⑥情報の入手，⑦情報の理解・判断，⑧操作，⑨情報や操作の連続性

### (c) 感性デザイン項目（9項目）
①デザインイメージ，②色彩，③フィット性，④形態，⑤機能性・利便性，⑥雰囲気，⑦新しい組み合わせ，⑧質感，⑨意外性

### (d)安全性(PL)項目(6項目)

①危険の除去,②フール・プルーフ(fool proof)デザインを行う,③タンパー・プルーフ(tamper proof)デザインを行う,④保護装置(危険隔離),⑤インターロック機能を考えた設計,⑥警告表示

### (e)エコロジーデザイン(5項目)

①耐久性があること,②リサイクリングが可能,③材料を少なくする,④最適な材料の選定,⑤フレキシビリティのあるデザイン(部品の交換など)

### (f)ロバストデザイン(5項目)

①材料を変える,②形状に配慮する,③構造を検討する,④応力に対し逃げのデザインをする,⑤ユーザの無意識な行動に対応したデザイン

### (g)メンテナンスデザイン(2項目)

①近接性の確保,②修復性の確保

### (h)その他(HMIの5側面など)(5項目)

①身体的側面,②頭脳的側面,③時間的側面,④環境的側面,⑤運用的側面

## 参考文献

[1] Null, R. L., Cherry, K. F.: Universal design, Professional Publications, Inc., p.116, 1998.
[2] 大村朔平:一般システムの現象学―よりよく生きるために―, pp.180-185, 技報堂出版, 2005.
[3] 大村朔平:企画・計画・設計のためのシステム思考入門, pp.119-125, 131-134, 悠々社, 1992.
[4] 大村朔平:企画・計画・設計のためのシステム思考入門, p.120, 悠々社, 1992.
[5] 近藤洋逸, 好並英司:論理学概論, pp.11-29, 岩波書店, 1964.
[6] 高辻正基:記号とはなにか―高度情報化社会を生きるために―, 講談社, 1985.

# 5章 汎用システムデザイン方法

5章では，サービスデザインを行うための手法である汎用システムデザイン方法，特に，重要な汎用システムデザインプロセスについて紹介する．

## 5.1 汎用システムデザイン方法

汎用システムデザイン方法は，以下に述べる汎用システムデザインプロセスと，このプロセスで実践してゆくための知識と手法が有機的に整理された方法である．図5.1のフレームワークに出ている手法と下位デザイン項目が知識である．これらの詳細については，拙著『デザイン人間工学』（共立出版，2014）も参考にしてほしい．

## 5.2 汎用システムデザインのプロセス

汎用システムデザインのプロセスは，最初に企業の理念に基づき，(1)システムの概要を決め，それに従って(2)システムの詳細を決定し，(3)可視化，(4)評価を行う流れである[1][2][3]．この方法は汎用性が高く，様々なデザインやイベントなどの多様な計画に適用できる．

特徴は以下の通りである．
①現場主義である
②論理的アプローチである
③定量的アプローチを志向している
④情報の共有化を図る
⑤検討漏れが少ない

①論理的なデザインプロセスで手順が明確になっているので，誰がデザインしてもあるレベルのアウトプットが期待される．今から12-13年前，筆者が和歌山大学システム工学部にいた頃，ゼミ生にこの方法を使った課題の画面

デザイン案をかわさき産業デザインコンペ2001に提出させたところ，デザイン優秀賞と入賞を果たした．

ゼミ生はデザイン系，人間工学系，マーケティング系の学生に分かれているが，入賞した2名はマーケティング系と人間工学系の学生であった．

②汎用システムデザインプロセスを支援するためにデザインを行うための手法，デザイン項目や事例のフレーム（**図 5.1, 5.2**）が準備されているので，これらを活用することにより，レベルの高いアウトプットが期待される．

③ CSCW（Computer-Supported Cooperative Work：コンピュータ支援による共同作業）を想定している（**図 5.3**）．重要なのは，構造化コンセプト構築時に，時間を決めて，関係者が各自のPCの前で意見を述べ，具体的な方針を決めることである．関係者とはデザイナー，エンジニアや企画・営業関係者だけでなく，工場の品質管理部門，地方における営業マンあるいは海外の関係部門の担当者などである．最初に関係者の意見を聞くことにより，デザイン案の度重なる修正を無くすためである．つまり，デザイナーと関係者との不要なキャッチボールを行わずに済む．

プロセス（図 1.8，**図 5.4**）の各ステップには，下位の手順が決められている．

### (a) 企業や組織の理念の確認

開発の都度チェックする必要はないが，開発するすべての基礎となる方向性を示しているので，確認する．

### (b) 大まかな枠組みの検討

サービスデザインの目的を決める前に，現状や関連のシステムの観察，関係者へのインタビューや様々な文献調査などを行い，デザインするシステムの事前調査を行う．

### (c) システムの概要

大まかな枠組みを決めた後，より具体的に目的と目標を決める．さらに，目的と目標に基づいて，システム計画の概要が決まる．

①目的，目標の決定
②システム計画の概要

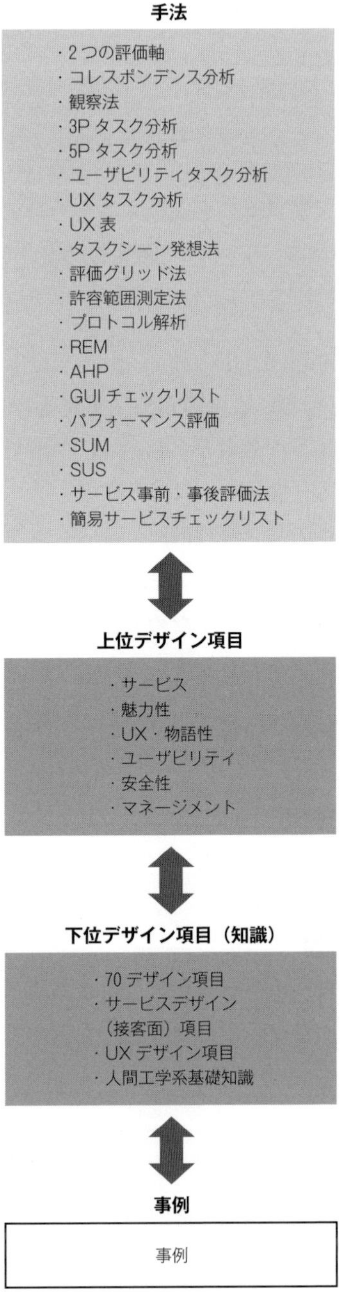

# 5章 汎用システムデザイン方法

**手法**

- 2つの評価軸
- コレスポンデンス分析
- 観察法
- 3P タスク分析
- 5P タスク分析
- ユーザビリティタスク分析
- UX タスク分析
- UX 表
- タスクシーン発想法
- 評価グリッド法
- 許容範囲測定法
- プロトコル解析
- REM
- AHP
- GUI チェックリスト
- パフォーマンス評価
- SUM
- SUS
- サービス事前・事後評価法
- 簡易サービスチェックリスト

**上位デザイン項目**

- サービス
- 魅力性
- UX・物語性
- ユーザビリティ
- 安全性
- マネージメント

**下位デザイン項目（知識）**

- 70 デザイン項目
- サービスデザイン（接客面）項目
- UX デザイン項目
- 人間工学系基礎知識

**事例**

事例

図 5.1　フレームワーク

5.2 汎用システムデザインのプロセス

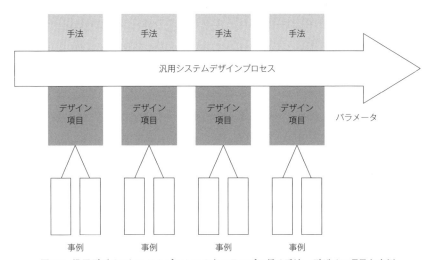

図 5.2 汎用デザインシステムプロセスの各ステップに係る手法，デザイン項目と事例

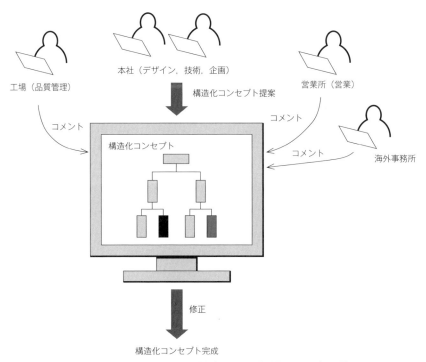

図 5.3 情報の共有化による関係者全員による構造化コンセプトの構築

# 5章 汎用システムデザイン方法

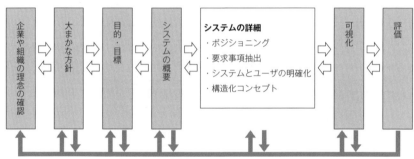

図 5.4 汎用システムデザインプロセス

## (d) システムの詳細

システムの概要を受けて，システムの詳細を決める．対象システムの市場でのポジショニング（位置付け）を把握し，詳細な要求事項を抽出する．次に，システムの骨格となるデザインコンセプトを決める．同時に，ユーザとシステムの明確化，つまり仕様を固める．

③市場でのポジショニング
④ユーザ要求事項の抽出
⑤ユーザとシステムの明確化（仕様書）
⑥構造化コンセプト

## (e) 可視化

構造化コンセプトに基づき，可視化を行う．可視化をする際，70 デザイン項目などの様々な情報を参考にすると良い．

⑦可視化

## (f) 評価

可視化案は V & V 評価（11 章）を行い，確かなものにする．

⑧評価

これらの①〜⑧までの手順は，固定的に考える必要はなく，必要なステップのみ選択してもよい．また，各ステップ間では基本的にフィードバックが必要で，試行錯誤しながらシステムを構築してゆく．

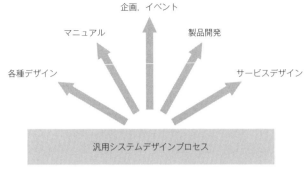

図 5.5　汎用システムデザインプロセス

## 5.3　汎用システムデザインプロセスの活用

　汎用システムデザインプロセスは，論理的なプロセスなので，あまり経験のない人でもデザインできる方法である．従来のデザイン方法というか，デザイン全般に係る方法は厳密にコンセプトに決めずに，闇雲に多くのスケッチを描いて方針を決める方法である．しかし，日常のデザインワークにおいては，一部の機能改善によるマイナーチェンジのような仕事の場合，つまるところスタイリングの仕事なので，闇雲に多くのスケッチを描くのは当然とも考えられる．しかしこの場合でも造形のコンセプトを厳密に決めれば，デザイン案は絞り込まれるので，数案で済む．この造形のコンセプトを構築する際，様々な関連資料，例えば，想定ユーザ層，想定使用環境の写真，対抗商品のラインアップの写真，自社商品ラインナップの写真，他分野の商品の写真，時代の流れを示す街中の写真などを活用すれば，デザイナーと関係者が議論すれば造形のコンセプトをまとめることができる．製品のコンセプトも同様に行えばよい．

　このプロセスは汎用性が高いので，様々なシステム構築に使える．つまり，計画し実行する事項すべてである（**図 5.5**）．例えば，様々な企画，イベントの計画，マニュアルの制作，製品開発などである．身近な例では，会社の大会で社長にプレゼンを行う場合や，結婚式の披露宴の段取りなど，何にでも使える．段取りとは，方針を決めて，それに従って具体的な作業・行

動を決めることであるが,この種の段取りがうまい人は,この汎用システムデザインプロセスに近い段取りをしているのである.

## 参考文献

[1] 山岡俊樹,北岡信一郎:汎用システムデザインプロセスの検討(1) 基本的考え方,pp.44-46,第8回日本感性工学会春季大会講演予稿集,2013.
[2] Toshiki Yamaoka: DEFINING PURPOSE, GOAL AND SYSTEM OUTLINE BEFORE DESIGNING AND DEVELOPING, CD-ROM6ページ分, 2nd. International Conference on Applied and Theoretical Information Systems Research, 2012.
[3] Toshiki YAMAOKA, Yusuke MORITA: A proposal on a new versatile system design process for industrial design, service design and so on, pp.39-43, Proceedings of 1st International Symposium on Affective Engineering 2013 (ISAE 2013).

# 6章 サービスの大まかな枠組み, システムの概要

6章では，汎用システムデザインプロセスの最初の部分である「サービスの大まかな枠組み」と「システムの概要」について説明する．通常，開発システムや製品の目的や目標を厳密に決めることにより，やるべきことが明確になるので，非常に重要なステップである．

## 6.1 企業や組織の理念の確認を行う

最初に企業や組織の理念の確認を行う．義務的に行うのではなく，組織として，理念の確認を常に醸成するようなマインド作りが必要である．また，理念に対応しない，あるいは反した目的を持つ製品を作らないことである．分かりやすい例で言えば，近江商人の「三方よし」の理念がある．これは「売り手よし，買い手よし，世間よし」という理念である．

## 6.2 大まかな枠組みの検討

サービスデザインを行う前に対象システムの制約条件と成立条件を確認する．特に制約条件は重要で，下記の基本方針を定める．
①どの制約条件下でサービスシステムを構築するのか？
②制約条件を別の視点から見直し，大幅変更するなどして，新規なサービスシステムを開発するのか？

上記の判断を行うため，現状のシステムの観察，関係者へのインタビューや様々な文献調査などが必要である．

世の中で，従来に無いまったく新しいシステムというのはあまりなく，新しいシステムは既存のシステムをベースに開発されたものがほとんどである．例えば，電車は蒸気機関車，ディーゼルカーを経て，開発されている．19世紀にいきなり電車が開発されることは無い．

したがって，従来に無い新しいシステムを開発する際，既存のシステムを

観察,体験するだけで,その基本方針の策定,ある程度のユーザビリティの予測は可能である.

## 6.3 サービスシステムの目的,目標

　システム構築組織体の理念と,ある程度絞り込んだ大まかな枠組みに基づいて,目的,目標を決定する.目的とは,実現しようとする機能的事項を意味し,抽象的,質的視点からまとめる.一方,目標は目的から求められる性能であり評価基準でもあり,具体的,定量的視点から取りまとめる[1].

### 1 目的を決める

　5W1H1F(function)＋期待の8つの視点に基づいて,目的を決定する.

　①誰が,②何を,③何時,④どこで,⑤なぜ,⑥どうやって,⑦機能は,⑧期待は

　つまり,顧客が想定システムに対しどのような期待を抱くか想定し,それを実現するための機能を考え,顧客にどのような使い方をしてもらいたいのか,検討することである.これらの事項をまとめて,目的,つまりどのような価値を提供するかを決定する.
　これらの項目を全部検討する必要はなく,必要に応じて項目を選択すればよい.項目群はあくまでも目的を決めるためのフレームなので,厳密にこだわる必要はない.

### 2 目標を具体化する

　下記の12項目の内,必要な項目を使って,目標を決める.ただ,この12項目は,目標を作る上で必要な項目を選択したものであるので,これら以外で必要な項目があれば,活用してほしい.
　①機能性:どのような機能にするのか？　特徴や優れている点は何か？
　②信頼性:安心して使用できるレベルは,従来並みか,それ以上か？
　③拡張性:システムの拡張性を考えるのか,考えないのか？
　④効率性:効率性をどのレベルまで考えるのか？

⑤安全性：安全性の範囲とレベルをどこまで考えるのか？
⑥ユーザビリティ：素人か専門家対応なのか？　その操作性のレベルはどの程度か？
⑦楽しさ：想定使用者の受け取る楽しさはどのレベルにするのか？
⑧費用：機能性，安全性やユーザビリティなどに対して，費用をどの程度掛けるのか？
⑨生産性：生産性は従来通りか，それ以上か？
⑩メンテナンス：メンテナンスはどうするのか？　従来通りか，新しいやり方か？
⑪組織：ヒエラルキー型，プロジェクト型，マトリックス型
⑫人的資源：モチベーション，対応力（サービス提供者の気配り，適切な対応，態度），知識量，経験

製品，システムには，有用性，利便性，魅力性の3つの役割があるので，この3分類に12項目を当てはめると以下の通りとなる．

(a) 有用性
　・製品・システム・サービスの機能に係る項目
　　①機能性，②信頼性，③拡張性，④効率性
　・製品・システム・サービスの製造，構築および維持に係る項目
　　⑧費用，⑨生産性，⑩メンテナンス，⑫組織
(b) 利便性
　　⑤安全性，⑥ユーザビリティ
(c) 魅力性
　　⑦楽しさ，⑪人的資源

機能が簡単な製品やシステムの場合，この3項目を使ってもよい．

## 6.4　システム概要

　システム概要は，目的と目標を受けて，システムの構成要素，制約条件などをより具体的にし，大まかなシステムの境界を定めるステップである．

## 1 人間と機械・システムとの役割分担

### ①人間（利用者）対 機械・システム

　目的や目標に基づき，人間と機械の仕事の分担を決めることである．寒い地方で使われている電車のドアは，その開閉に制約を設けている．つまり，冬季期間は，利用者は車内に入るにはドアのそばに設置されているボタンを押すという制約がある．冬季期間にドアを一斉に開けると車内の温度が下がるためである．昔，ロンドンの給電制御所を見学したことがあるが，ここではオペレータのモチベーションを高めるため，従来，機械が行っていた指示系の記録を人間が行っていた．これは一見，効率が悪いように見えるが，オペレータが覚醒し，全体の生産性は上がるものと考えられる．

### ②人間（顧客）対 人間（サービス提供者）

　顧客とサービス提供者の作業の分担を決めることである．サービスは顧客とサービス提供者との協力の下で成立するので，役割の分担を決めるのは重要である．

　レストランで提供する料理がすべて調理済みなのか，あるいは何割かを調理して，残り部分を顧客が調理して食事をするのかなどの例がある．あるいは，ユーザが使用している製品が故障したとき，ユーザがその製品をメーカか販売店まで持参しなくてはいけないのか，それとも販売店が回収しに来てくれるのかなどを検討しなければならない．

## 2 制約条件を検討する

　4章で述べた人間に影響を与える5つの制約を検討する．
　①社会・文化・経済的制約
　②空間的制約
　③時間的制約
　④人間に係る制約（思考，感情，身体）
　⑤製品・システムに関わる制約
また，システムに影響を与える5つの制約条件も検討する．
　①インプットの制約条件（労働力，資金，原料，エネルギーなど）
　②アウトプットの制約条件（機能性，信頼性，拡張性，効率性，安全性，

6.4 システム概要

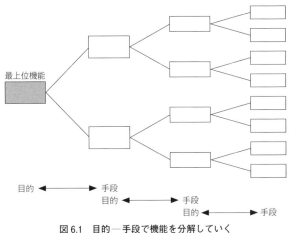

図 6.1　目的―手段で機能を分解していく

ユーザビリティ，楽しさ，費用，生産性，メンテナンスなど）
③達成手段の制約条件（製品技術，生産技術，経営，マネージメント技術）
④自然，社会・経済環境条件による制約条件
⑤システムの範囲による制約条件

## 3 製品・システムなどの構成要素の明確化と構造化を行う

　想定している機能を分解して，構成要素を抽出する．このとき機能系統図を使い分解することができる．この方法では，「目的―手段」の関係から，その機能を実現するためにはどのような手段が必要かという視点で，最上位機能を分解する（**図 6.1**）．この分解作業を繰り返すと最終の具体的な機能が求まる．この作業の逆は上位機能を決めることであるが，その場合は，その機能は何のために必要かという目的を決めて，上位機能を抽出する．

　記述には，以下の方法を用いる[2]．
①名詞＋動詞の組み合わせで表現する．
②抽象化した表現にする．
③形容詞，副詞などの修飾語を使わない．
④否定文にはしない．

　ソフト系の人的資源，組織に関する構成要素も場合により，構成要素の明

表 6.1 学生食堂の目的，目標など（竹村）

| 検討項目 | 概要 |
|---|---|
| 目的 | 学生を中心とする食事サービスの利用者が，ストレスを感じることなくサービスを利用することができ，それぞれの時間を有意義なものにする空間の提供を実現する． |
| 目標 | ①機能性<br>アプリによる新たなシステムを導入し，予約システムや情報提供により利用者のストレスを軽減する．<br>②信頼性<br>アプリによる正確な最新情報の提供により信頼性を高める．<br>③効率性<br>予約システムや IC カード支払いによるキャッシュレス化により，時間短縮と手間を省く．<br>④ユーザビリティ<br>簡単な構造にし，誰でもシステムをきちんと利用できるようにする． |
| 制約条件 | ・現状の面積を前提として検討してゆく．<br>・学生だけでなく，一般のユーザも利用可能とする．<br>・メニューの料金の上限は 1000 円以内とする． |

確化と構造化を図る．

## 6.5 汎用システムデザインの事例紹介

　京都女子大学家政学部生活造形学科の竹村美穂が，この手法を使って大学の学生食堂の改善デザインを行ったので，この章以降，主だったところを紹介していく（図表のタイトルには，（竹村）と表記する）．ただ，改善デザインのため，すべてのステップを行っている訳ではない．目的と目標を**表 6.1**に示す．

## 参考文献

[1] 大村朔平：システム思考入門，pp.51-63，悠々社，1992.
[2] 手島直明：実践 価値工学，pp.43-45，日科技連，1993.

## Column

## アメリカのサービスデザイン(1)
―"Built your own"という世界―面倒くさい客相手の,新しい経験価値づくり―

【サービスとは何だろう】

　アメリカの消費者と日本の消費者との違いを表すならば,注文時に「自分の意見を言う」「カスタマイズが大好き」ではないかと感じます.

　レストランで注文をする時,ウエイターやウエイトレスがテーブルにやってきて,注文を1人づつ聞いていきますが,ローカルの人はただ注文するメニュー名を言うだけでなく,もう少しやりとりをしています.

　注文をする際,料理のカスタマイズで一番に思い浮かぶのは,ステーキなどのお肉の焼き加減です.肉料理の際はまず間違いなく焼き加減を聞かれますが,これは,あくまで受身のカスタマイズのような気がします.

　実際,ローカルの人の注文は,こういった店側から提供されるカスタマイズに対する受け答えだけではなく,もっと客側からの能動的なカスタマイズのリクエストを沢山しているようです.例えば「この野菜は入れないで,その代わりにこの野菜は入れられるか?」,「料理のサイドに置かれるサラダは別のお皿で持ってきて,ドレッシングも別に2種類持ってきて」,「お水は氷を入れないで,水にはレモンを入れて…」といった具合です.

　日本人的な感覚で言うとそこまで注文するのは無理じゃないの?　というレベルのリクエストも結構聞いてくれることに驚きますが,これこそが彼等の求めているサービスであり,そこを聞いてくれるスタッフが良いスタッフ＝そのサービスにチップを払うという事なのだな,と理解できるのではないでしょうか.

【自分の言った通りに作ってくれるお店が流行り?】

　移民の国のアメリカ.人種が違えば考え方も違うのが当たり前です.日本のように,相手のことを「推して知る」なんてことはまず不可能です.よって「自分の意見を言うことが大事」です.それならば,お客様の好みに合わせて作りましょうというお店が出てきて,それが流行るのは当たり前なのかもしれません.

　客の好みで作るお店で思い浮かぶのが,もう日本でもすっかりおなじみのSUBWAY.サンドウィッチを作る工程に客を巻き込んでその中で客の好みを聞きながら作っていくスタイルを確立したのはこのSUBWAYなのかもしれま

せん．

実は最近，このように客の言った通りに作ってくれる "Built your own" の店が増えているし，流行っているのではないかと感じています．

南カリフォルニアでいくつか挙げてみると，ハンバーガーをカスタムで作ってくれる THE COUNTER Custom Built Burger，ブリトーなどのメキシカン料理をカスタムで作ってくれる Chipotle Mexican Grill，カスタムピザチェーンの PIEOLOGY，ピザでは他にも PIEOLOGY と似たスタイルの BLAZE PIZZA なども人気です．また，ハワイ料理のポキ（ポケ）のどんぶりも最近よく見かけますが，PokiNometry はその流行のポキ丼をさらに流行のカスタムスタイルで提供するのでとても人気があります．

## 【Built your own という UX】

上記のどのお店も料理を作る工程にお客を巻き込んで，すばやく作ることでファストフードの時間的，価格的ベネフィットと，Built your own style の UX からもたらされる心理的満足感＝ベネフィットを上手に提供していると解釈すると，これらの店が流行っている事も納得です．

世界一面倒くさい客を相手にして，その客を巻き込んで新しい経験価値を作る．レストランに限らず，この Built your own スキームは他の業界でも使えそうですし，「推して知る」のが得意な日本人と「自分の意見を通したい」アメリカ人の両方に評価してもらえる価値ではないでしょうか？

図1　カスタムピザチェーンの BLAZE PIZZA（撮影：筆者）

［森原悦子，Interface in Design, Inc. / InterfaceASIA president, USA］

注記）本コラムは U-Site（http://u-site.jp/global/）で執筆中のコラム（http://u-site.jp/218）より一部抜粋，改訂しております．

# 7章 サービスの要求事項

7章では，サービスの要求事項を抽出するために，(1)観察，(2)インタビュー方法，(3)タスク分析系，(4)REM，(5)タスクシーン発想法の手法を紹介する．タスク分析は，時間軸上でユーザの行う操作や作業に関する問題点を抽出する方法である．REMは製品・システムの問題点から，問題点の根本原因と究極の目的を求める方法で，製品やシステムの本質的な価値を求めることができる．タスクシーン発想法は基本的なタスクの流れに対して，使いたいシーズやサービスがどのように商品化できるか調べる方法である．

## 7.1 観察方法[1]

サービス，システムの観察を主に考えており，直接観察でマクロ→ミクロ→人間の順で観察を行う．

### 1 マクロ的視点から観察する

俯瞰的視点から見てゆく．

**(a)環境面から観察する**

環境面が我々の行動面や心理面にどのような影響を与えているのかチェックする．例として，和歌山大学のキャンパスでは歩道が直角に曲がって階段に繋がっているのだが，**図7.1**にもある通り，階段までの短縮ルートを取って，獣道になっていた．

**(b)運用面（メンテナンスや収納など）を観察する**

HMI（Human-Machine Interface）やサービスを運用する側面から観察することである．これらの運用面の問題点を知ることにより，サービスのシステムを改善することができる．以前，筆者が訪れたとある寿司屋の壁に「当店の従業員は，1時間ごとに手洗いを実施しています」と書かれた紙が貼られていた．この情報は顧客に安心・安全の情報を伝えており，このお店のマネージメント能力の高さを示しているのが分かる．また，あるレストラン

図7.1 獣道

で，昼食時間が終わり，数名の客が点在する程度の状況で，入店した客に「自由に座ってください」と案内するお店と，「御一人なのでこちら側に座ってください」と言うお店があった．この場合の店員の判断基準は，前者は顧客を基準に考えているのに対して，後者はお店の都合を優先して判断しているのが分かる．

以下の側面も調べるとよい．

①関係者間の情報の共有化が行われているのか調べる．

共有化は運用面での重要な要素である．観察で調べるのが難しい場合はインタビューで把握するとよい．情報の共有化が行われないと，様々な問題が発生する．例えば，レストランで一度注文しているにも関わらず別のウエイトレスが注文に来るとか，ホテルでLANケーブルをフロントとハウスキーパーに依頼しても誰も対応してくれないなどの例があった．

②メンテナンスや収納などができるようになっているのか調べる．

サービスシステムを上手に運用していくためには，そのメンテナンスやサービスに関わる様々な物品の収納などが効率よくできるようになっている必要がある．

**(c) 痕跡を観察する**

ユーザが行った操作や行動には，必ず何らかの痕跡がシステムに残る．この痕跡を観察することにより，ユーザの操作や行動の特徴を掴むことができる．時間をかけて痕跡となる場合が多いが，短時間で見極められる場合もあ

る．痕跡は実験室での実験では得られない多様なユーザや時間軸の情報を含んでいる．例えば，電車のシートに乗客が座った後の痕跡が残っている場合がある．特にクロスシートの背もたれの角度が悪いと背もたれの上の方に痕跡が付く．つまり，腰部と背もたれとの接点が弱く，走行中，腰部が不安定となり，乗り心地が悪いということが分かる．

### (d) 仮想コンセプトを考える[2]

仮想コンセプトとは，システムあるいはサービスの特徴からデザイナーの考えたコンセプトを推測し（仮想コンセプト），さらにそのシステムやサービスの使われている状況（使用文脈）と仮想コンセプトの問題点から，修正コンセプトを考える方法である．修正コンセプトから新デザイン案を構築することができる．以前，ある温泉街にある旅館に友人と宿泊した際，夕食後，デザートのオレンジが出てきた．オレンジに切れ目を入れて出すのが普通であるが，何もせず出してきた．家族で経営しているようで，持ってきたお嬢さん（多分）はなぜ気が付かないのだろうかと気になった．社長と思われる父親が，多分顧客への対応についてしっかりと教育していないのだろうなと感じた（仮想コンセプト）．そこで，徹底した社員教育が必要と感じた（修正コンセプト）．繁忙期にも関わらず，この旅館では，宿泊客が我々以外ほとんどいなかったのである．一事が万事，オレンジ以外でも旅館の方針が明確でないので，サービスが悪くなり，客が来ないのだろうなと思った．

## 2 ミクロ的視点から観察する

人間とシステム・サービスの関わり合い，やり取りを観察する．

### (a) 基準の動作との差異を観察する

顧客にサービスを提供したり，製品をユーザに使ってもらう場合，デザイナーやエンジニアは，基本的な動作，操作を想定しているはずである．

想定した動作，操作に対して，顧客やユーザがまったく異なった挙動を示した場合，検討不足を意味している場合がある．例えば，レストランチェーンで丁度良い味付けをしたつもりが，ある地域では満足できない顧客がいて，調味料を追加して食事をする場合である．

以降の視点も含め，観察の本質はある基準との差異を見つけることに集約することができる．

### (b) 多様なユーザの特徴を理解し観察する[3][4]

　多様なユーザ，つまりユニバーサルデザインの視点から見ることである．(a)の基準との差異を観察するのと同じことであるが，ユニバーサルデザインというカテゴリーとして独立させた．性別，年齢，体格や機能面で配慮すべき多様なユーザを理解し，そのうえで問題点や改良点を探ってゆく．

### (c) ユーザや作業の流れを観察する

　ユーザや作業の流れを観察することにより，作業者の動きや作業の問題点を抽出することができる．作業者の流れは動線と言われる．例えば，レストランの厨房で作業者の調理行動を動線の観点から調べると，動線が交差したり複雑に絡んでいたりする場所がある．このような箇所の動線を簡明な構造にすることにより使いやすい厨房となる．

　操作の流れを調べる方法として，リンク解析[5]がある．これは操作するボタンなどの操作具を操作順に線で結び，交差するところや複雑な箇所を調べる方法である．そこで操作具のレイアウトを変えて，交差部分を無くすとか，複雑に絡まっているところはシンプルな構造にして，使いやすくする．また，使用頻度が高い2つのボタンが離れている場合は近くに配置する．

### (d) サービス提供者と顧客とのやり取りを観察する

　下記の項目からサービス提供者と顧客とのやり取りを観察する．気配りとは，サービス提供者が顧客の状況を把握するための手段である．気配りを経て，サービス提供者は必要に応じて，顧客への対応を行う．その対応の際，サービス提供者の意思を表情，身ぶり，言葉使いなどを使い態度として表出する．

【サービスデザイン（接客面）項目】
　①気配り：「共感」「配慮」
　②適切な対応：「柔軟」「正確」「安心」「迅速（時間）」「平等」
　③態度：「共感」「信頼感」「寛容」「好印象」

### (e) 70デザイン項目の視点から観察する

　70デザイン項目は，人間―機械系を構築するのに必要な知識である．この項目を活用することにより，見えない世界が見えてくる．

7.1 観察方法

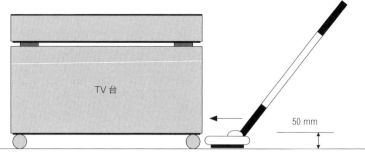

差異を観察→主婦がTV台の下にブラシを一瞬差し込んで戻した

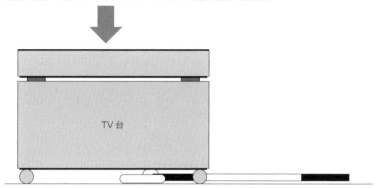

要求事項として，TV台の下50 mmに差し込めるブラシの実現

図7.2　差異を観察する

## ❸ 人間を中心に観察を行う

❶❷の観察ポイントを活用して，以下の視点から観察をしてゆく．
①マクロとミクロの面の観察ポイントから，通常との差異を観察し，なぜそういう行動をとるのか，なぜそういう状況なのかを考える（**図7.2**）．その際，被観察者（特に，高齢者）の属性も考慮する．
②考える際，参考となるのが70デザイン項目，UXによる感覚，4つのストーリー，接客の3項目などの知識である．70デザイン項目は観察するポイントでもあり，思考するのに必要な知識でもある．

## ❹ 観察された事象の構造的把握

観察された事象は，下記の方法に従って構造的に把握することが可能であ

87

る．

①定性的方法
抽出された項目は，似た項目同士をグループ化し，構造化をする．
②定量的方法
定量的アプローチを行いたい場合，各項目に対する評価項目を考え，マトリックスの行頭と列頭に評価項目と観察により得た項目（観察項目）を配置する．列頭の評価項目と行頭の観察項目が該当するならば交差するセルに1を，そうで無い場合は0を入力する．このデータをクラスター分析にかけるとグループ化ができる．あるいは，コレスポンデンス分析にかけ，クラスター分析を行うと，2次元座標上にグループ化された2項目が表示される．

### 5 間接観察法について

直接見て感じるのではなく，センサー等を使って間接的にユーザの行動を観察する方法である．直接観察では人間の五感を駆使し多様なデータを得ることができるが，間接観察は2チャンネル程度のフィルターを通して見るので，情報量が少ない．ビデオで視覚と聴覚の情報を得ても，文脈などの情報が弱いので，なかなか状況を把握するのは難しい場合が多いが，長時間の観察に適している．したがって，ある程度の目処が付き，観察テーマを絞り込み，長時間の観察が必要な場合には間接観察が良いと思われる．

## 7.2 インタビュー方法

インタビューは，官能評価や感性評価などのモニターの主観を測る方法である．

### 1 アクティブリスニング法[6]

自分の話を聞いてもらえると，人は誰でも嬉しくなる．この原則を応用して，実験協力者の回答に対し，相づちを打ち，反復繰り返して聞いていく方法である．このように聞きながら，ユーザの思考，認知や価値を探る方法である．つまり，自分の言ったことが，相手に受け止められ，母親に対する子供の態度のように，心がリラックスし，自由に何でも喋りたくなるのであ

る．実験協力者がしゃべったポイントは，グループ化され問題点や要求事項として，整理する．
下記にその例を示す．

　　実験協力者：「ここの歯医者のサービスは良くないです．」
　　実験者　　：「ほう，サービスは良くないですか．」
　　実験協力者：「治療時にちゃんと説明してくれないからです．」
　　実験者　　：「ほう，説明してくれないのですね」
　　実験協力者：「そうです．説明してくれないので，不安でした．」
　　実験者　　：「確かに，説明が無いと不安ですよね．」

と実験者は実験協力者の言ったことをそのまま反復して繰り返す．
　アクティブリスニング法は，ユーザの本音を探ることができるので，製品開発やサービス開発に活用することができる．

## 2 評価グリッド法[7]

　ユーザに調査したい商品やサービス群のうちから，評価をしてもらい，その理由を聞いて，ユーザのそれらに対する価値観を探る方法である．評価は下記の2通りの方法がある．
　①提示するサンプルは実物かカタログなどを用いる．
　②評価したいオブジェクトに対して，主観評価（例えば，5段階評価）を実験協力者に行ってもらう．
　③この結果に対し，一番良い評価をしたオブジェクトとそれ以外の低い評価をしたオブジェクトとの差の理由（評価基準）を聞いてゆく．「なぜ，このオブジェクトが良いのですか？」などと聞いてゆく．つまり，選択した理由を聞くことにより，この評価基準の上位概念（ラダーアップとも言う）を求めることができる．例えば，レストランで「静かで，インテリアデザインが良いから」と回答し，その理由を聞くと「落ち着いた雰囲気で食事をしたい」と評価理由を述べた場合を考える．この場合は，「落ち着いた雰囲気で食事をしたい」がレストランの条件となる．この「なぜ」の問いかけを3回か4回あたり行うのが良さそうである．
　④評価理由を聞いた際，可能ならば下位概念も聞く．下位概念はラダーダ

ウンともいい，実現するための手立てを聞くので，「どうすれば，そうなるのか」を聞く．
⑤収集したシナリオに基づいて，各階層で同じ表現のところは一体化し，構造図を作成する．
⑥構造図から要求事項を抽出する．

別の方法は，②と③のステップで，評価したいオブジェクトの内，2つ選択して，すべての組み合わせに対し，理由を聞いてゆく方法である．聞く回数が多くなるが，評価は容易になると思われる．

## 7.3 タスク分析系

　製品・システムの使い勝手の問題点を探し出すためのグループインタビューは，モニターの意識下にある問題点は喋ってくれるが，意識していない・気づいていない問題点は抽出できない．一方，タスク分析はユーザの行う操作すべてについてチェックを行うので，ユーザの気がついていない問題点も抽出可能である．

　タスク分析で使うタスク（課業）は，ジョブ（job，仕事）の構成要素である．タスクはサブタスクに分割され，サブタスクは1つひとつの動作であるモーション（motion）より構成されている．

　タスク分析は，この仕事の構成要素であるタスクに注目して，問題点や要求事項を抽出する方法である．UXタスク分析は，タスクに対しUXの観点から問題点や要求事項を抽出する方法である．

### 1 UXタスク分析（2.6節にて詳説）

### 2 3Pタスク分析[8][9]

　3P（スリーポイント）タスク分析（**表7.1**）は，ユーザの行う作業を，人間の情報処理プロセスの「情報入手」，「理解・判断」，「操作」の3つの観点から分析し，予測される問題点を抽出する手法である．したがって，主にユーザインタフェース上の問題点を抽出するための手法である．

　手順は以下の通りである．

表7.1 3P タスク分析

| タスク | 問題点抽出 | | | 解決案 | |
|---|---|---|---|---|---|
| | 入手 | 理解・判断 | 操作 | 現実的 | 近未来的 |
| バスの系統番号を見る | コントラストが低く,判別がつかない | | | 高コントラストにする | |
| 時刻表を見る | 文字が小さくて見にくい | | | ・大きい文字にする<br>・照明をつける | |
| ルート表示を見る | 多くの関係のないルートが表示されているので,複雑で見にくい | | | 関係あるルートのみ表示する | |

シーン:夜,バス停で表示されている時刻表を見る

### (a) シーンの特定
どのようなところで使われるかを決める.

### (b) タスク(場合によっては,サブタスク)の特定
調べたいタスクの流れを決め,左の欄に各タスクを書いてゆく.

### (c) 問題点の抽出
タスクに対して,「情報入手」「理解・判断」「操作」の3つの観点から問題点を抽出する.この「情報入手」「理解・判断」「操作」には,以下の通り,問題点を抽出する際の手がかりが準備されている.

【情報入手】
①最適なレイアウトになっているか
②見やすいか
③重要な情報は強調されているか
④必要情報(手がかりや表示)があるか
⑤マッピング(対応付け)がなされているか

【理解・判断】
①意味不明な用語や表現はないか
②形状などの情報から,どう操作するのか分かるか
③表示や操作などが紛らわしくないか
④フィードバックがあるか
⑤手順が分かりやすいか
⑥一貫性があるか
⑦ユーザのメンタルモデルと合っているか

表7.2 5Pタスク分析とサービスタスク分析
（問題点ではなく，必要な要求事項を書き込んでゆく方法）

| タスク | 身体的側面 | 頭脳的側面 | 時間的側面 | 環境的側面 | 運用的側面 | サービスデザイン(接客面)項目 | | |
|---|---|---|---|---|---|---|---|---|
| | | | | | | 気配り | 適切な対応 | 態度 |
| 飲みたいコーヒーを探す | ・高齢者でも見ることができる文字サイズにする<br>・すぐに分かるレイアウトにする<br>・文字を見ることができる照度の確保 | | | | | 顧客が決められない場合，適切なアドバイスを行う | | |
| 注文する | ・顧客の声が聞ける音環境にする<br>・威圧感の無い雰囲気のインテリアデザイン | | | | | 顧客の目を見て，共感し，好印象な態度を示す | | |
| ○○○ | ・○○○○○○○○○○ | | | | | ・○○○○○○○○○ | | |

シーン：コーヒーショップで注文する

←―― 5Pタスク分析 ――→
←―――――― サービスタスク分析 ――――――→

【操作】

①身体的特性と一致しているか（最適な作業姿勢，操作具とのフィット性，最適な操作力）

②時間がかかるなど面倒となっていないか

**(d) 解決案の記述**

表7.1の右欄は，問題点の解決案（ユーザ要求事項）を記述するスペースである．この欄の左側には現実案，右側には近未来案を描く．近未来案は研究部門の研究ネタにもなる．

## 3 5Pタスク分析[10]

5P（ファイブポイント）タスク分析は，3Pタスク分析に空間や運用面なども加味し，システムやサービスの問題点や要求事項を抽出する場合に使う方法である（**表7.2**）．具体的には，人間─機械系の5つの側面，①身体的側面，②頭脳的側面，③時間的側面，④環境的側面，⑤運用的側面から問題点なり要求事項を抽出する．さらに，サービス分析，評価に特化した方法として，5Pタスク分析にサービス3項目を追加したサービスタスク分析がある．

**(a) HMI（人─機械）の5側面**

①身体的側面：(a)姿勢，(b)操作力，(c)操作部とのフィット性

②頭脳的側面：(a)見やすさ，(b)分かりやすさ，(c)メンタルモデル

③時間的側面：(a)作業時間，(b)休息時間，(c)機械側からの反応時間
④環境的側面：(a)空調（温度，湿度），(b)照明，(c)騒音・振動
⑤運用的側面：(a)組織の方針，(b)情報の共有化，(c)動機付け

組織の方針を明確にし，メンバーとの情報を共有化し，メンバーのモチベーションを高めると，組織は活性化する．

**(b) 人的対応力：サービスデザイン（接客面）項目（人—人）[11]**
①気配り：(a)共感，(b)配慮
②適切な対応：(a)柔軟，(b)正確，(c)安心，(d)迅速，(e)平等
③態度：(a)共感，(b)寛容，(c)信頼感，(d)好印象

5Pタスク分析，サービスタスク分析は，人間—機械系のシステムやサービスなど，どんなものでも分析ができる．例えば，展示会やイベントの段取り，旅館・デパート・レストランなどでの顧客への対応，鉄道駅でのユーザの行動，バス・タクシーでの顧客への対処，工場での作業，ビジネスマンの業務など，一見複雑でどう分析したら良いか分らない作業や行為でも，この5側面とサービスの側面（接客面）から分析を行うことができる．

## 7.4 REM[12]

REM（Hierarchical requirements extraction method）は，サービスを受けたときや製品・システムを操作したときに，悪いと感じた事項を基に，その根本原因あるいは究極の目的を求める方法である．ポイントは，悪いと感じた事象を引き起こしている原因と，本来あるべき姿を構造的に示すことである．根本原因を変換すれば，要求事項になる．

その手順を以下に示す（**図7.3，7.4**）．

(1) 問題点を書く．

観察，チェックリストおよびプロトコル解析などにより抽出された問題点を書く．

(2) 問題点を入力として，その解決案である出力を書く．

例えば，

モノ：［ペンが重い］→［軽いペン］と書く．

コト：［病院で長時間待たされる］→［待ち時間が短時間］と書く．

7章 サービスの要求事項

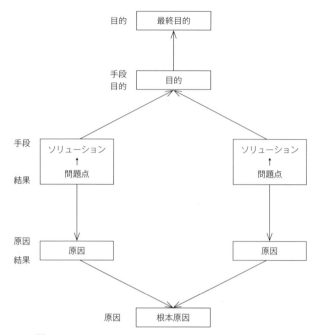

図 7.3 REM (hierarchical requirements extraction method)

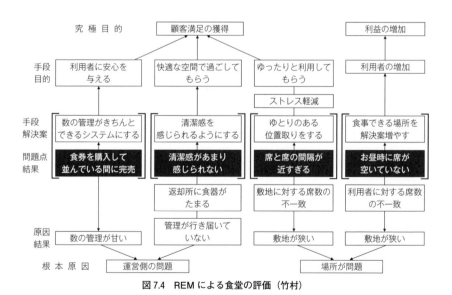

図 7.4 REM による食堂の評価（竹村）

(3) 解決案に対し，目的と手段の関係から，解決案を手段としたときのその目的を書く．
　　モノ：［軽いペン］（手段）→ ［疲れない］（目的）
　　コト：［待ち時間が短時間］（手段）→ ［待ち時間のストレスを無くす］（目的）
(4) 手段と目的の関係から，目的を何回も求めてゆき，抽象化された飽和状態まで書くと究極の目的を得ることができる．
(5) 次に，問題点に対し，結果と原因の関係から，問題点を何回も求めてゆき，根本原因を抽出する．
　　モノ：［ペンが重い］（結果）→ ［表面に金属を使用］（原因）
　　コト：［病院で長時間待たされる］（結果）→ ［大雑把な予約制度］（原因）

この方法を使うと日頃，気に留めていない事項でも，その裏にはどういう背景や考え方があるのか明確にすることができる．評価以外の要求事項やユーザのインサイト抽出にも使える汎用の方法である．ユーザのインサイト抽出により，普段気に留めていない行為，行動でも，その裏にある何らかの価値観に基づく発露であることがわかる．

## 7.5　タスクシーン発想法[13]

どのようなシーズやサービス要素を使うかが決まっており，そのニーズを調べたいというとき，この方法を活用する．ブレインストーミングは数人の参加者を必要とし，気になったタスクに関して，アイディアなりニーズを述べてゆく方法である．タスクシーン発想法はブレインストーミングやブレインライティングのようにモニターの発想能力に依存するのではなく，簡単なフレームワークが決められており，これに従ってニーズを抽出する方法である．つまり，時間軸上のタスクに対して，使いたいシーズが対応できるのかチェックする方法である．タスク分析の変形と考えてもよい．4.5.1項で紹介した制約条件に基づく発想法をベースにした方法である．

人間が絡んでいるので，基本的に日常生活系，非日常生活系で分ける．それぞれの生活系で網羅的にチェックできるので，検討漏れが少ないのが特徴と言える．

表 7.3　タスクシーン発想法の活用例

**【生活軸：「記録する」を生活の中で活用する】**

| | タスク | 要求事項 | アイディア |
|---|---|---|---|
| 時間軸 | 起床する | 起床時間，睡眠時間を記録する | 手帳などにメモする |
| | 朝食を取る | ラジオニュース聞きながら，あるいはTVニュースを見ながら朝食をとる． | 付箋紙で記録するか，録画する． |
| | 出勤中 | ビジネスに関連する情報を見つけた | カメラで撮影する |
| | 業務中 | ・電話での会話の記録をつける<br>・伝言を頼まれる | ・手帳に書く<br>・専用の付箋紙に記入し，専用のノートに貼る<br>・伝言用の付箋紙に書く |
| | ・会議<br>・打ち合わせ | 会議や打ち合わせの記録をする | ・PCに記録する<br>・手帳に書く<br>・専用の付箋紙に記入し，専用のノートに貼る |

分類は以下の通りである．

①日常生活系：家庭軸，オフィス軸，通勤軸，公共環境軸

②非日常生活系：旅行軸，出張軸，イベント軸

それぞれの生活系で，さらに細分化できる軸があれば，それを活用して詳細に検討することもできる．例えば，家庭軸でも，ライフスタイルなどによりさらに細分化できるであろう．つまり，生活エンジョイ型と生活質素型などと分けるのである．そうすると同じ家庭軸でもライフスタイルにより，全然違うニーズを抽出することができる．

例えば，家電製品の何か新しいシーズならば，家庭軸が考えられる．この家庭軸とは朝起きて寝るまでの生活の時間軸であり，その時間軸で行われる各タスクに対して，そのシーズが役立つのかチェックしてゆく．毎日が同じことの繰り返しならば一日分でよいが，そうではない場合，一週間，一か月とチェックしてゆく．

また，いろいろなところで使用が考えられる「記録する」というソフト（コト）の活用を考えた場合，家庭軸，オフィス軸，旅行軸，出張軸など多数の軸を時間軸の観点から考えることができる（**表 7.3**）．表 7.3 にあるように時間軸に対応するタスクを書き，そのタスクに関係する要求事項を決める．そして，その要求事項に対して考えている技術を適用したアイディアを書いていく．

このようにいろいろな時間軸に従って，網羅的にアイディアを出すことができるので，1人で行っても偏らずにアイディアが出せるのが特徴である．さらに言えば，このタスクシーン発想法はすべてのシーンのタスクをチェックしてゆくので，1人でも活用可能である．

# 参考文献

[1] 山岡俊樹（編著）：ヒット商品を生む観察工学，pp.1-49，共立出版，2008．
[2] 山岡俊樹：デザイン人間工学，pp.40-41，共立出版，2014．
[3] 山岡俊樹，吉岡英俊，森亮太：ユニバーサルデザイン度に関する一考察，感性工学研究論文集，Vol.6, No.3, pp.36-42，2006．
[4] 日本人間工学会（編）：ユニバーサルデザイン実践ガイドライン，pp.25-30，共立出版，2003．
[5] Mark S. Sanders, Ernest J. McCormick: Human Factors In Engineering and Design (6th eds.), pp.370-374, McGraw-Hill Education, 1987.
[6] 武井大策：結果を出すための創造的戦略マネジメントの基本技術，日本生産性本部，pp.133-145，1991．
[7] 神田範明：ヒットを生む商品企画七つ道具 よくわかる編，pp.47-55，日科技連出版社，2000．
[8] 山岡俊樹（編著）：ハード・ソフトデザインの人間工学講義，pp.154-161，武蔵野美術大学出版局，2002．
[9] 山岡俊樹：ヒューマンデザインテクノロジー入門，pp.23-30，森北出版，2003．
[10] 山岡俊樹：デザイン人間工学，pp.47-49，共立出版，2014．
[11] 山岡俊樹：サービスデザインの方法，DESINPROTECT, p.36, No.87, 2010．
[12] 山岡俊樹：デザイン人間工学，pp.104-105，共立出版，2014．
[13] 山岡俊樹：デザイン人間工学，pp.51-52，共立出版，2014．

# 8章 状況把握（ポジショニング）

8章では，市場での状況把握（ポジショニング）について説明する．ポジショニングの目的はアンケートやインタビューで同業他社の製品やサービスの状況を調べ，自社の置かれている状況を把握することである．ポジショニングには，下記の3手法（8.1, 8.2, 8.3節）を紹介する．他の章（7章, 11章）で紹介している手法もポジショニングにも使えるので，8.4, 8.5節で紹介する．

## 8.1 2軸で評価する

製品やサービスの評価に適した2つのキーワードで5段階評価のアンケートを行う．この場合の評価とは，ターゲットユーザの購買に影響を与える項目である．商品の3属性，有用性，利便性，および魅力性からその製品やサービスに関係の深いキーワードを選べばよい．例えば，本屋のサービスならば，機能性→品揃え，効率性→効率のよい選択，が考えられる．

X軸に「品揃え」（良い，悪い），Y軸に「効率の良い選択」（良い，悪い）の座標軸に対して，直感で布置するか，アンケートの平均値を布置する（**図8.1**）．3つ以上のキーワードの場合，2つの組み合わせで軸を作り同様の作業で行えばよい．

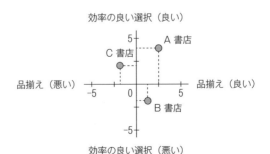

図8.1　2つの評価軸から状況を把握する

## 8.2 コレスポンデンス分析をする

前述した2軸で評価するよりも，より厳密に深く検討したい場合に，コレスポンデンス分析（correspondence analysis）[1][2]とクラスター分析[3]を活用する．

コレスポンデンス分析は，調べたい2つのパラメータ，例えば，評価項目とオブジェクト（製品，サービスなど）の関係を2次元上に可視化する手法である．具体的には，サービスの場合，サービスの評価用語（例：親しみやすい）などの評価項目と各店舗（あるいは，旅館）との関係を調べたいとき，コレスポンデンス分析を使う．

手順は以下の通りである（**図 8.2**）．

①実験協力者（ターゲットユーザ）にアンケート調査を行い，協力者は該当するサービス評価項目と各オブジェクト（店舗，旅館など）が一致した場合，セルに丸をつける．この作業を全協力者が行う．

②次に，獲得した丸の総数を各セルに記入する．

③このマトリックスのデータに対して，コレスポンデンス分析を行う．この分析により，オブジェクトとサービス評価項目が平面座標上に布置される．

④オブジェクトと関係の強いサービス評価項目が近くに布置される．布置されたオブジェクトとサービス評価項目の各位置に対して，原点からの方向と長さから結果を判断する．原点からの方向がパターンを示し，それぞれの原点からのなす角が関係の深さを示す．その長さは極端さを表す．あるオブジェクトがあるサービス評価項目にのみ高い評価を得ている場合，このサービス評価項目とオブジェクトは原点から離れたところに位置付けられる．しかし，すべて高い評価の場合（あるいは，その逆の場合も），特徴がないので原点の近くにすべて布置される．

⑤平面座標上に布置されたオブジェクトとサービス評価項目の座標値は，クラスター分析によりグループ化することができる．クラスター分析とは，簡単に言えば，何次元での距離の近いもの同士をグループにする方法である．

⑥平面座標上の空いているスペースは各オブジェクトが扱っていない領域

# 8章 状況把握（ポジショニング）

(1)

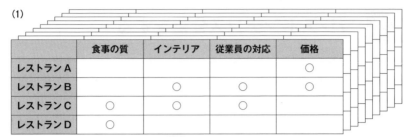

|  | 食事の質 | インテリア | 従業員の対応 | 価格 |
|---|---|---|---|---|
| レストランA | 5 | 5 | 7 | 8 |
| レストランB | 8 | 8 | 8 | 7 |
| レストランC | 9 | 9 | 8 | 7 |
| レストランD | 7 | 6 | 7 | 5 |

(2)

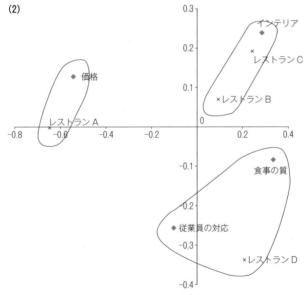

図 8.2　コレスポンデンス分析

表 8.1 有用性, 利便性, 魅力性に関する項目

| 有用性・利便性・魅力性 | 関係する項目（必要な項目を適宜選択する） |
|---|---|
| (1)有用性 | ①機能面<br>②性能面<br>③生産面<br>④価格面<br>⑤エコロジー面<br>⑥耐久性<br>⑦柔軟性<br>⑧信頼性<br>⑨迅速性 |
| (2)利便性 | ①容易な情報入手<br>②分かりやすさ<br>③操作性<br>④製品を使用するための準備<br>⑤収納性<br>⑥携帯性<br>⑦安心感<br>⑧疲労<br>⑨安全性<br>⑩メンテナンス性<br>⑪ユニバーサルデザイン<br>⑫快適性 |
| (3)魅力性 | ①楽しさ<br>②デザインイメージ<br>③インテリア<br>④雰囲気<br>⑤新規性<br>⑥操作感<br>⑦形状<br>⑧質感<br>⑨色彩<br>⑩触感 |

であるので，この場所に移して新しいイメージにしてもよい．

**表 8.1** にアンケートに使用する有用性，利便性，および魅力性に関する項目を表示したので，参考にしてほしい．この項目群は 2 軸で評価する場合にも活用できる．

## 8.3 有用性, 利便性, および魅力性の観点から満足度を把握する

有用性，利便性，および魅力性の観点からサービスや製品の満足度を把握する．一度決めた項目はそのままにして，時系列にデータを取ってゆくと，その変遷と構造的変化を把握することができる．

# 8章　状況把握（ポジショニング）

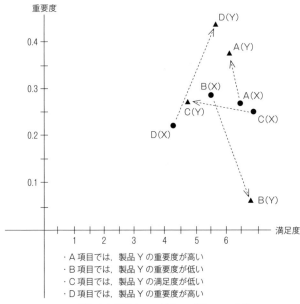

- A項目では，製品Yの重要度が高い
- B項目では，製品Yの重要度が低い
- C項目では，製品Yの満足度が低い
- D項目では，製品Yの重要度が高い

**図 8.3　満足度と重要度から製品のポジションを見る**

以下，手順を示す（**図 8.3**）．

①サービスや製品に関する評価項目を決める．

　主に製品ならば，表 8.1 で示す有用性，利便性，および魅力性に関する項目を抽出する．サービスの接客面ならば，表 11.3 で示す気配り，適切な対応，態度の観点から最適な項目を選択する．大まかな評価ならば，有用性，利便性，および魅力性を評価項目として活用してもよい．

②抽出した項目を使って，サービスや製品に関する 10 段階評価のアンケート調査を行う．項目だけでなく総合評価も行う．

　分かりやすくするため，例として，有用性→A，利便性→B，C，および魅力性→D の項目が抽出されたとする．製品 X と製品 Y について検討する（**表 8.2**）．

③アンケートデータの平均値を求める．

　アンケートはターゲットユーザに行う．

④総合評価を目的変数，評価項目を説明変数にして，重回帰分析を行い，偏回帰係数のデータを求める．

表 8.2 満足度と重要度を求める

| 評価項目 | | 製品 X | | 製品 Y | |
|---|---|---|---|---|---|
| | | 満足度 | 重要度 | 満足度 | 重要度 |
| 有用性 | A | 6.5 | 0.27 | 6.1 | 0.38 |
| 利便性 | B | 5.5 | 0.29 | 6.8 | 0.07 |
| | C | 6.8 | 0.25 | 4.7 | 0.27 |
| 魅力性 | D | 4.2 | 0.22 | 5.6 | 0.44 |
| | 総合評価 | 6.0 | | 6.2 | |

⑤ ③の平均値は回答者の満足度を示し，④の偏回帰係数は重回帰式の目的変数に対する影響度を示すので，重要度とする．横軸に満足度のデータを，縦軸に重要度のデータを布置すると評価項目のポジションが分かる．

各社のサービスや製品の評価項目ごとに重要度と満足度の座標軸で示すと各社の状況を把握することができる．また，この分析は，社内で新製品の試作品と従来品との評価などにも活用することができる．

## 8.4 アクティブリスニング法を活用する

7章で紹介している手法で，これを活用して顧客のサービスや商品のポジショニングを行う．評価項目を選出して，このうち2組の組み合わせ全部に関して，インタビューを行う．あるいは，8.1節のアンケートをした後にこのアクティブリスニング法を使って，評価の理由を聞いてもよい．

## 8.5 簡易サービスチェックリストを活用する

11章（pp.124-125）で紹介している7つの評価項目のチェックリストを活用する．レーダチャートを活用して，サービス各社の比較を行い，どのように対応するのか検討することができる（**図 8.4**）．何人かの実験協力者に依頼して調査を行った場合は，その平均値をレーダチャートの値にする．もし，チェックリストのデータで，バラつきが多くある場合，評価が割れているので，その原因を調べる．1人による調査も可能である．

# 8章　状況把握（ポジショニング）

**【簡易サービスチェックリストの結果】**

|  | サービス業A | サービス業B |
| --- | --- | --- |
| ①サービスを受ける際，顧客が不安を抱かないよう配慮されていたか？ | 0.5 | 0.8 |
| ②サービス提供者にスキル，知識はあったか？ | 1.5 | 1.5 |
| ③サービス提供者の態度は良かったか？ | 1.6 | 1.3 |
| ④メインサービスは良かったか？ | 1.8 | 1.4 |
| ⑤サービスは効率よく行われたか？ | 1.4 | 1.4 |
| ⑥環境は良かったか？ | 1.6 | 1.2 |
| ⑦機械（設備）は良かったか？ | 1.6 | 0.5 |
| **総合評価** | 1.7 | 1.2 |

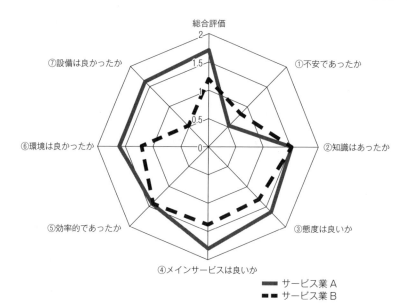

図8.4　簡易サービスチェックリストによるポジショニング

# 参考文献

[1] 菅 民郎：すべてがわかる　アンケートデータの分析，pp.140-144，現代数学社，1998．
[2] 酒井 隆：図解　アンケート調査と統計解析がわかる本，pp.254-258，日本能率協会マネジメントセンター，2003．
[3] 酒井 隆：図解　アンケート調査と統計解析がわかる本，pp.237-248，日本能率協会マネジメントセンター，2003．

# 9章 システムとユーザの明確化，構造化コンセプト構築

9章では，システムとユーザの明確化，つまり仕様を決め，構造化コンセプトを構築する方法を述べる．この仕様と決めることとコンセプトを作ることは，順番となっていないので，お互いに考慮しつつ，決めればよい．

ペルソナを作成して，架空のユーザ像を決めて，デザインする方法は，ターゲットユーザを明確にしてデザインするので合理的である．しかし，往々にしてコンセプトを構築せずにコンセプトの代わりにペルソナを決めている場合が多いようなので，注意を要する．あくまでも，具体的方針でもあるコンセプトを決めてから，あるいは同時期にユーザ像を決める必要がある．

## 9.1 ユーザの明確化

### 1 ターゲットユーザの明確化

ここではターゲットユーザとシステムの仕様を固める（**表9.1**）．後述する構造化コンセプトの構築との順番は無く，お互いに検討しながら決めてゆ

表9.1 ユーザの明確化（user model）

| ユーザ側 | |
|---|---|
| 基本情報 | 年齢，性別，職業，年収，家族構成，学歴 |
| 性格，価値観，および消費タイプ | ①性格（意欲的，慎重，真面目，協調性）<br>②価値観（こだわり派，流行志向派，無難派，保守派）<br>③消費タイプ（余裕派，消費派，倹約派，堅実派） |
| 生活スタイル | ①ライフスタイル（様々な生活のスタイル）<br>②ライフサイクル（人生のサイクルにおける様々な様相）<br>③ライフコース（人生上のイベントで分岐した様々な人生コース） |
| 経験とメンタルモデル | 想定サービスシステムに対する経験・習熟度 |
| | サービスシステムの構造，用語，操作手順などに対して，どの程度の知識（メンタルモデル）を持っているのか |
| その他 | |

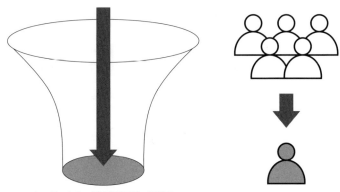

図 9.1　ユーザの明確化（user model）

けばよい．

　ターゲットユーザに関して，これまでのステップでほぼ確定しているか，あるいは，曖昧だがある程度の輪郭を押さえているかなど，様々なレベルであると考えられるが，このステップで明確にする（**図 9.1**）．

　必ずこのステップを踏襲しなければならないという訳ではないが，基本的な手順は以下の通りである．

① 基本情報として，システムの目的，目標などの情報から，年齢，性別，職業，年収，家族構成，学歴を明確にする．

② 性格→価値観→消費タイプの順に絞り込んでゆく．

③ 性格として，積極的・自己主張—消極的・謙虚，目的志向—現状安定の2軸から，「意欲的」「慎重」「真面目」「協調性」性格の4つに大まかに分けた．あくまでも，ターゲットユーザを大まかに分類するのが目的であるので，カスタマイズは可能である（**図 9.2**）．以下同様である．

④ 価値観は，こだわる—こだわらない，流行—伝統，の2軸から，「こだわり派」「流行志向派」「無難派」「保守派」の4つの価値観に分けた（**図 9.3**）．

⑤ 消費タイプは，こだわる—こだわらない，消費する—消費しない，の2軸から，「余裕派」「消費派」「倹約派」「堅実派」の4つの消費タイプに分類した（**図 9.4**）．

　以上の情報から，性格→価値観→消費タイプの順に絞り込んでゆくと，大

9.1 ユーザの明確化

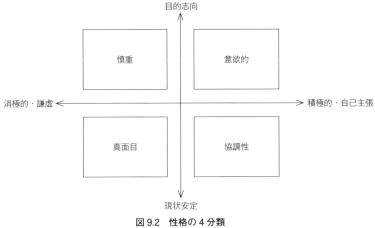

図 9.2 性格の 4 分類

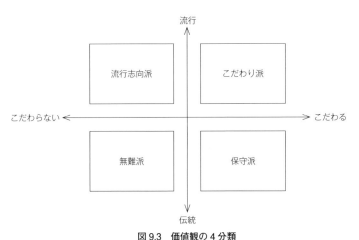

図 9.3 価値観の 4 分類

まかであるが，ターゲットユーザ像を絞り込むことができる．例えば，意欲的（性格）→こだわり派（価値観）→余裕派（消費タイプ）に絞り込んでゆくと，モノやコトに対して，意欲的でこだわりを持ち，お金をたっぷりつぎ込むターゲットユーザ像が明確になる．一方，真面目（性格）→無難派（価値観）→倹約家（消費タイプ）の場合は，真面目で，無難で流行を追わず，倹約にいそしむといったターゲットユーザ像を得ることができる．

以上収集したターゲットユーザのデータは，以下の枠組みで精緻化しても

107

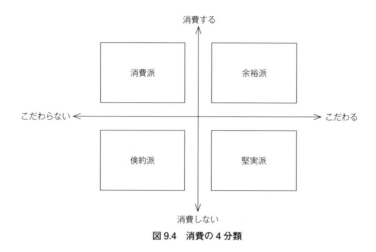

図 9.4　消費の 4 分類

よい[1].

①ライフスタイル（life style）：様々な生活のスタイルをいう．

②ライフサイクル（life cycle）：人生のサイクルにおける様々な様相で，ターゲットユーザはどのように対応するのか検討する．

③ライフコース（life course）：人生上のイベントで分岐した様々な人生コースで，ターゲットユーザはどのようなコースを辿るのか検討する．

以上の情報以外に，想定しているサービスシステム（あるいは，類似したサービスシステム）に対する経験程度とメンタルモデルを確認する．サービスシステムに関して，マクロ的意味合いとして経験程度を聞き，ミクロ的意味合いとしてメンタルモデルを聞く．前者はメンタルモデルまでは構築されていないレベルで，後者はメンタルモデルとしてどの程度構築されているか聞いている．

## 2 関係者の明確化

サービスデザインなので，ターゲットユーザだけでなく，サービスデザインに絡む関係者を明確にする必要がある．記述内容はターゲットユーザの記述内容に準じている（**表 9.2**）．

表 9.2　関係者の明確化 (user model)

| 関係者側 | |
|---|---|
| 基本情報 | 年齢，性別，職業，年収，家族構成，学歴 |
| 経験と<br>メンタルモデル | 想定サービスシステムに対する経験・習熟度 |
| | サービスシステムの構造，用語，操作手順などに対して，どの程度の知識（メンタルモデル）を持っているのか |
| その他 | |

表 9.3　システムの明確化 (system model)

| システム側 | |
|---|---|
| システムの構成要素 | 機能（汎用，専用） |
| 入出力系デバイス | |
| システムの概要 | ①機能性，②信頼性，③拡張性，④効率性，⑤安全性，⑥ユーザビリティ，⑦楽しさ，⑧費用，⑨生産性，⑩メンテナンス，⑪組織 |
| 使用環境 | 公的空間か私的空間（自宅あるいは個室）か，地域，気候 |
| 使用時間 | |
| その他 | |

## 9.2　システムの明確化

　システムの概要をこのステップで固める．システムの構成要素，入出力系デバイス，システムの概要，使用環境，使用時間などの情報を確定させる（**表 9.3**）．

## 9.3　構造化コンセプト

　サービスデザインの方針を決めるステップである．機能の簡単な製品の場合，コンセプトを作らなくとも，成り行きでデザインが完成してしまうことがある．こういうマネージメントをしていると，コンセプトと製品の評価，販売との関係を把握ができず，どんぶり勘定のマネージメントをしていることとなる．常にコンセプトを構築し，評価や販売情報を比較することにより，コンセプト項目のある項目が評判や売り上げに良い影響を与えているという定性情報を得ることができる．また，開発時に過去のコンセプトを参考

## 9章 システムとユーザの明確化，構造化コンセプト構築

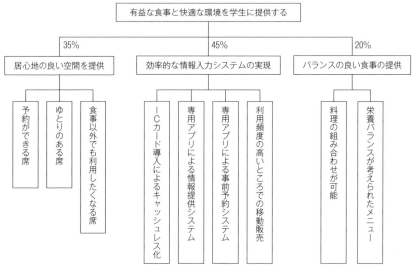

図 9.5　大学食堂の構造化コンセプト（竹村）

にして，コンセプトを作るなど，論理的な展開が可能となる（**図 9.5**）．

特に，サービスデザインのように構成要素が複雑である場合には，デザイン方針を明確にするコンセプト構築は必須事項である．

数行程度のキーワードを列挙したコンセプトよりも，詳細の情報を付加し，最終デザインイメージを構築できる構造化コンセプトが必要である．この構造化コンセプトを作るには，ボトムアップ式とトップダウン式の2種類がある．

### 1 ボトムアップ式[2]

今までのステップで各種タスク分析や観察法により得られた要求事項や企画者やデザイナーが実現したい要求事項などをまとめて，3階層程度の構造化されたサービスシステムのコンセプトを作る方法である．表記方法は「名詞＋動詞」のスタイルを採り，トップダウン式でも同様である．ボトムアップ式の構築手順を以下に示す．

①タスク分析や観察法により得られた要求事項や企画者やデザイナーが実現したい要求事項などをグループ化する．
　グループ化は項目間の共通事項を探して，グループにまとめればよい．

②各グループの上位の項目（2階層目）を決める．
上位項目を決めるには，下位のグループ化した項目間の共通事項を上位項目にすればよい．
③2階層目の項目でグループ化を行う．
④2階層目の項目をまとめて，1層目の最上位項目を決める．
⑤最上位項目を基に2階層目の各項目のウエイト付け（％）を行う．

ウエイト付け（％）は具体的な方向性を示すもので，非常に重要である．同じコンセプト項目でも，そのウエイト値が違うとデザイン案はまったく相違したものになるからである．2階層目の項目の％の合計が100になるように調整する．

コンセプト項目は「名詞＋他動詞」の組み合わせで，具体的に書く．

サービスデザインの場合，項目数が多くなるので，2階層目をハード系とソフト系に分けて，構造化コンセプトを構築してもよい．

## 2 トップダウン式[3]

企画者，デザイナーあるいはその関係者が作りたいと思うサービスシステムの最上位項目に基づいて，下位のコンセプト項目に分解してゆく方法である．以下にその手順を示す．

①企画者，デザイナーあるいはその関係者が作りたいと思うサービスシステムの最上位項目を決める．

最上位項目は観察やアンケート調査により，ある程度の目処は必要であるが，こだわる必要はない．ユーザは様々な制約条件下で思考・発想しているので，その制約条件を取り去った場合のイメージを捉えるのが困難と考えられるからである．

②最上位項目を構成要素に分解して，第二階層項目を決める．

最上位項目の対象範囲が広い場合は，大きく分割して，検討してゆく．例えば，「患者に優しい病院の実現」とした場合，受付での対応，診断での対応，検査での対応およびそれらの共通の関係項目などと分ける．この場合の共通項目とは，診断データのネットワーク，患者カードの活用（待ち時間ゼロの実現）などである．

③第二階層項目を「目的—手段」の関係から分解する．

第二階層項目を目的としたとき，それを達成する手段を考えて，下位の第三階層項目を抽出する．

　④第三階層項目がまだ具象性が乏しい場合，さらに分解する．

## 参考文献

[1] 池尾恭一，青木幸弘，南知惠子，井上哲浩：マーケティング，pp.115-123，有斐閣，2010．
[2] 山岡俊樹：デザイン人間工学，pp.60-61，共立出版，2014．
[3] 山岡俊樹：デザイン人間工学，pp.61-62，共立出版，2014．

# 10章 可視化

10章では，構造化コンセプトとサービス仕様書を基に，下記の項目群を使って可視化を行う．下記の項目群は可視化するための制約条件でもある．
(1)サービスデザイン（接客面）項目
(2)サービスデザイン（サービス品質）項目
(3)サービスデザイン（生産性向上）項目
(4)UXより得られる感覚の項目
(5)ストーリー項目
(6)感性デザイン項目
(7)70デザイン項目

## 10.1　サービスシステムの骨組みをUML/SysMLで決める[1][2][3]

必ずしもこの段階で決める必要はなく，必要に応じて前の段階で決めてもよい．しかし，構造化コンセプトにより，具体的に方向性が決まるので，コンセプト構築前に検討するのは論理的におかしい．例えば，船舶で海外に行く場合，行き先も決まっていないのに（コンセプトが決まっていない），途中に寄る港を決めても無駄な作業である．コンセプトで対象が高齢者で使いやすいインタフェースを決めた場合，かっこいいからといって小さい文字でデザインしたいと提案してもナンセンスであろう．すべてのデザインの基本は，コンセプトである．

通常，ストーリーボード，フローチャートやタスク分析系の手法（UXタスク分析（2章），UX表（2章），ブループリント，カスタマージャーニーマップ）などがあるが，重要なことは手早く，ポイントを押さえることである．

記入項目が多いフォーマットの場合，詳細を検討することができるかもしれないが，書くことで自己満足に陥り，多忙なビジネスにおいて，長続きはしないであろう．それほど複雑でないサービスシステムならば，前述の方法

10章 可視化

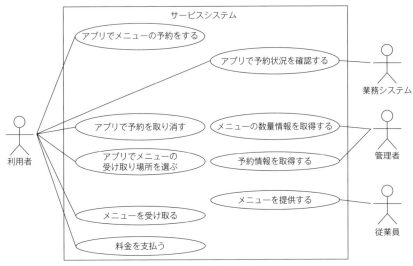

図 10.1　ユースケース図（竹村）

を活用すればよい．しかし，レストランのようなところで，顧客とサービス提供者とのやり取りだけを記述するだけでは，本質のサービス改善やイノベーションは生まれず，複雑なバックヤードの検討なども行わなければならない．このような複雑なシステムの場合は，UML(Unified Modeling Language) か SysML(System Modeling Language) を活用するとよい．UMLはソフトウェア設計の分野で開発された統一モデリング言語で，設計や仕様を図示するための表記方法である．SysMLはシステム領域用のUMLと同様の表記方法であるが，UMLの一部を採用している．サービスデザインの場合，利用者から見たサービス機能を表すユースケースモデルとシステム内の処理の流れを示すアクティビティ図が重要である．この両者はUMLとSysMLにも規定されている方法である．アクティビティ図は，フローチャートと類似しているが，並列処理を記述することができる．ユースケース図をよく使うと思われるので簡単に説明する（**図10.1**）．

①アクター

システムの利用者をアクターと定義する．棒人間で表示する．

②ユースケース

システムの機能を意味し，アクターに提供するサービスである．ユース

10.1 サービスシステムの骨組みをUML/SysMLで決める

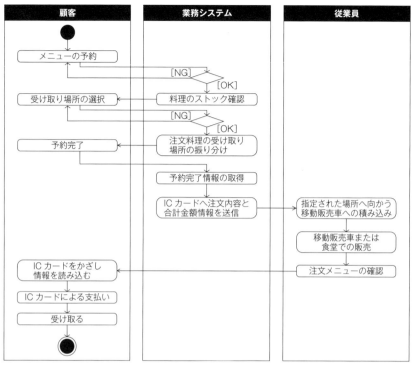

図 10.2　アクティビティ図（竹村）

ケース名は動詞（～する）で表現する．
③ユースケース図
　アクターとユースケースの関係を示す図である．
アクティビティ図の主な記述方法は以下の通りである（**図 10.2**）．
①開始ノード
　開始地点を示し，黒丸で表示する．
②終了ノード
　終了地点を示し，黒丸の外に輪を追加した形状で表示する．
③アクティビティ
　角の丸い長方形で表示し，アクティビティを示す．
④分岐
　ひし形で表す．

115

⑤フォーク

1つのフローに対して，複数のフローが出ていく並列処理の開始を示す．黒い棒で表示する．

⑥ジョイン

複数のフローに対して，1つのフローが出ていく並列処理の終了を示す．黒い棒で表示する．

## 10.2 可視化案をまとめる

### 1 1シーンに対する具現化

ボトムアップ式かトップダウン式により作られた構造化コンセプトに基づいて可視化を行う（**図10.3，10.4**）．可視化とは構造化コンセプトの最下位の項目の具現化を意味する．具現化の際，前述した70デザイン項目，ストーリー項目などを活用して，絵を描いたり，文章でまとめる．この作業を1人で行ってもよいが，グループウェアを活用して，所定に時間に各自のPCの前に集まってもらい最下位の項目に対応した具現案（図や文章）を記入してもらう（図5.3）．この作業により，試作品ができた時点で問題点が表

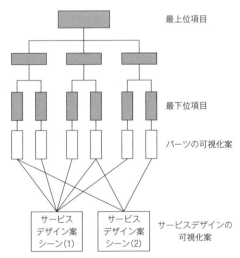

図 10.3　構造化コンセプトからデザイン案へ可視化する

10.2 可視化案をまとめる

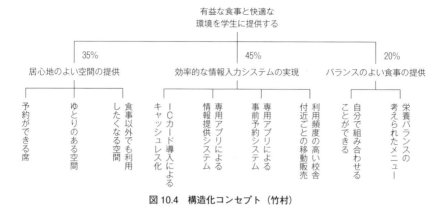

図 10.4　構造化コンセプト（竹村）

出し，振り出しに戻るといった危険性をかなり低減できる．

## 2 複数のシーンに対する具現化

複数のシーンがある場合，様々なシーンを考えて適合するように具現化する（**図 10.5，10.6**）．

手順は以下の通り．

①基本作業の流れ（フロー）と特別な場合を何通りか考える．

②その各流れをシーンごとに分解する．

③そのシーンに対して，構造化コンセプトの最下位の項目に基づいて，具

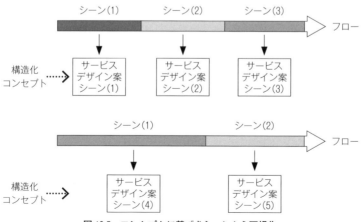

図 10.5　コンセプトに基づきシーンから可視化

10章　可視化

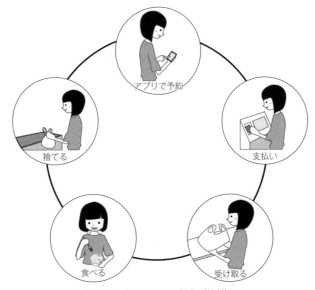

図 10.6　各シーンの可視化（竹村）
アプリで弁当の予約→支払い→受け取る→食堂以外で食事する→付属の袋にまとめて捨てる

現化するか，文章化する．

④シーンに対する具現化案を統合して，基本作業に対する具現化案とする．

⑤各基本作業の具現化案をまとめて，システムの具現化案とする．

## 10.3　デザイン項目

(1) サービスデザイン（接客面）項目（7章：p.82，11章：表11.3）

①気配り

共感，配慮

②適切な対応

柔軟，正確，安心，迅速（時間），平等

③態度

共感，信頼感，寛容，好印象

(2) サービスデザイン（サービス品質）項目[4]

　　サービスの品質向上に努める。

　　①新しいサービスの開発

　　②サービスのばらつきの低減

　　③顧客満足度の向上

(3) サービスデザイン（生産性向上）項目[4]

　　サービス固定費のウエイトを下げるため，サービスの生産性向上に努める。

　　①サービスの効率化

　　②需要供給の調整

　　③ITの活用

(4) UXにより得られる感覚の項目（3章：pp.40-41）

　　①非日常性の感覚

　　②獲得の感覚

　　③タスク後に得られる感覚（達成感，一体感，充実感）

　　④利便性の感覚

　　⑤憧れの感覚

　　⑥五感から得る感覚

(5) ストーリー項目（3章：pp.41-42）

　　①歴史のストーリー

　　②最新のストーリー

　　③架空のストーリー

　　④現実のストーリー

(6) 感性デザイン項目（9項目）（2章：pp.30-31）

　　①デザインイメージ

　　②色彩

　　③フィット性

④形態

⑤機能性・利便性

⑥雰囲気

⑦新しい組み合わせ

⑧質感

⑨意外性


(7) 70デザイン項目（4章：pp.61-62）

## 参考文献

[1] 竹政昭利：はじめて学ぶUML 第2版，ナツメ社，2007．
[2] 長瀬嘉秀，橋本大輔：独習UML 第4版，翔泳社，2014．
[3] 長瀬嘉秀，中佐藤麻記子（監修），テクノロジックアート（著）：SysMLによる組み込みシステムモデリング，技術評論社，2011．
[4] 山岡俊樹：サービスデザインの方法，pp.32-40，No.87，DESIGN PROTECT，2010．

# 11章 評価

11章では,汎用システムデザインプロセスの最後のステップにて,行うデザイン案の評価について説明する.

## 11.1 V&V評価

可視化されたデザイン案に対して,2通りの評価を行う.1つは,デザイン案がコンセプト,設計書や仕様書通りできたのか調べるのが検証(verification)[1]である.これによりデザイン案が当初の方針通りできたか確認する.もう1つは,ある領域がコンセプトや設計書だけでは規定されておらず,あるいは規定するのが難しい場合に,システムや製品の目的に合うように設計がなされているのか調べるのが妥当性の確認(validation)[1]である(図11.1).妥当性確認のための評価手法には,ユーザを使って行うユーザテストと,専門家のみで行うインスペクション法がある.前者の代表がプロトコル分析(protocol analysis)であり,後者の代表が10項目を使って評価を行うヒューリスティック評価法(heuristic evaluation)である.

これらUX・サービスデザインの評価方法を2つの軸で4分類する.「幅

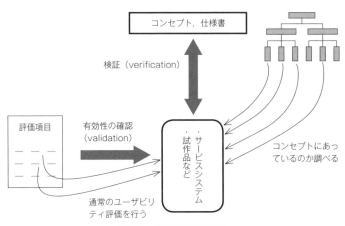

図11.1 2種類の評価方法

# 11章 評価

図 11.2 UX・サービスデザインの評価方法の 4 分類

広く評価」vs「部分的に評価」と，「詳細の評価情報を得る」vs「概要の評価情報を得る」の軸である（**図 11.2**）．以下，この区分から評価方法を紹介する．

## 11.2 幅広く，詳細の情報を得ることのできる評価手法

REM（hierarchical requirements extraction method）が該当する．詳細は 7 章にて紹介したが，この手法はシステムの問題点の根本原因と究極の目的を探し出す方法である．評価に活用する理由は，そのシステムの問題点の根本原因を抽出できることにある．問題点の抽出方法は，以下に紹介する方法を活用すればよい．

**【問題点の抽出方法】**

① UX タスク分析

② 各種チェックリストの方法

③ アクティブリスニング法やプロトコル解析

## 11.3 部分的に,詳細の情報を得ることのできる評価手法

### 1 サービス事前・事後評価法

　サービスの評価は,サービスに対する顧客の事前期待と,サービス提供後の事後評価との差分によって行われる.つまり,「事後評価－事前期待」の差によってサービスの評価がなされる.顧客は,通常,実施されるサービスに対して何らかの事前期待を持っており,その事前期待以上にサービス提供後の事後評価が高いと,満足した結果となる.逆に,事前期待を必要以上に高めてしまうと不満足か高い満足を得ることができない.このことは我々が日常体験することなので,納得がいくであろう.例えばあるお店で,高級で一見客は入りにくそうであったが,いざ入ってみると従業員の対応がよかったという場合,事前評価が低かったので,事後評価－事前期待の評価は高いものになる.一方,入りやすそうなお店で期待して入店したが,従業員の対応が十分でなかった場合,事前期待が高まっていたので,事後評価－事前期待の評価はかなり低い評価となる可能性が高い.事前期待と事後評価の差を調べるサービス事前・事後評価法を**表 11.1** に示した.以下,作業手順を示す.

#### ①メインサービス,サポートサービスと価格のウエイト値を入力する

　事前期待の表のメインサービス,サポートサービスと価格のウエイト値を入力する.このウエイト値はあくまでも推測で構わない.メインサービスとは,サービスの中核となる機能であり,サービスの主な効用に該当する.レストランならばおいしい料理を提供することである.サポートサービスとは,メインサービスや顧客を支援するサービスである.したがって,メインサービス以外のサービス全般をいう.レストランで考えると,メインサービスが料理で,サポートサービスが室内空間のデザイン,サービス提供者の適切な対応・態度などである.

#### ②メインサービス,サポートサービスと価格の評価を行う

　メインサービス,サポートサービスと価格に対して,事前期待の該当する評価項目を決める.例えば,メインサービスのウエイト値が 0.7 で,「やや期待できる」の評価ならば,その 4 点に 0.7 をかけて,2.8 点となる.価格

# 11章 評価

表11.1 事前期待と事後評価の評価の例

| 事前期待 | サービス内容 [ウエイト：0.8] | | 価格<br>[ウエイト：0.2] | 点数 |
|---|---|---|---|---|
| | メインサービス<br>[ウエイト：0.6] | サポートサービス<br>[ウエイト：0.2] | | |
| サービス(S)：期待できる(5点)<br>価格(P)：安い(5点) | | | | |
| S：やや期待できる(4点)<br>P：やや安い(4点) | | | | |
| S：どちらでもない(3点)<br>P：どちらでもない(3点) | 1.8 | 0.6 | | 2.4 |
| S：やや期待できない(2点)<br>P：やや高い(2点) | | | 0.4 | 0.4 |
| S：期待できない(1点)<br>P：高い(1点) | | | | |
| 総合点 | | | | 2.8 |

| 事後評価 | サービス内容 [ウエイト：0.8] | | 価格<br>[ウエイト：0.2] | 点数 |
|---|---|---|---|---|
| | メインサービス<br>[ウエイト：0.6] | サポートサービス<br>[ウエイト：0.2] | | |
| サービス(S)：満足した(5点)<br>価格(P)：安かった(5点) | | 1.0 | | 1.0 |
| S：やや満足した(4点)<br>P：やや安かった(4点) | 2.4 | | | 2.4 |
| S：どちらでもない(3点)<br>P：どちらでもない(3点) | | | | |
| S：やや満足できなかった(2点)<br>P：やや高かった(2点) | | | 0.4 | 0.4 |
| S：満足できなかった(1点)<br>P：高かった(1点) | | | | |
| 総合点 | | | | 3.8 |

の場合は，安い―高い，の評価基準なので，これに従って評価をする．

### ③評価したデータを合計する

②で計算したメインサービス，サポートサービスと価格の点数を合計して，事前期待の評価値とする．

### ④事後評価を行う

事前期待と同様に，サービスを受けた後の事後評価の合計値を求める．

### ⑤最終の評価値を求める

　事後評価の評価値から事前評価の評価値を差し引いて，最終のサービス評価値を求める．

　表 11.1 の例は，2 章で紹介したチョコレートを売っているお店の地下 1 階での飲食のサービス評価である．高い評価となっているのは，サービス提供物のクオリティの高さと UX デザインの効果である．事後評価と事前期待の差分は，通常 0.5 以上あるとリピーターになるのであるが，差分が 1.0 もあり，当然もう一度行きたいお店である．

## 2　UX タスク分析

　2 章で詳説しているので，ここでは省略する．

## 3　プロトコル解析

　プロトコル解析は実験者が実験協力者に対し，製品やシステムを操作させてもらい，そのときに困ったことや感じたことを述べてもらい，問題点を抽出する方法である．実験協力者数は 5 人程度いればある程度のデータが取れるが，10 名は欲しいところである．

　プロトコル解析の大きな問題点として，実験協力者が操作に夢中になって発話してくれなくなるときがある．これを回避するために以下の 2 つの方法がある．

### ①複数の実験協力者による方法（co-discovery）[2]

　仲の良い実験協力者を 2 名以上の組にして，ユーザ同士で相談しながら操作を行ってもらう方法である．親しい間柄なので困ったことやいろいろ感じたことを，お互いに無理無く発話してもらえる利点がある．

### ②実験者が実験協力者に質問する方法

　実験者が操作中の実験協力者に，今「何が分からないのか」，「何が問題になっているのか」，「何を考えているのか」などの質問をして，製品やシステムの問題点を抽出する方法である．この方法の利点はユーザに積極的に発話を促すところにある．

　サービスデザインの場合，サービスシステムが想定するシーンを決めて，ロール・プレイング（role playing：役割演技）を行ってもよい．行為をし

ながらコメントをもらうのは大変なので，終了後，録画したビデオカメラを見ながらコメントをもらう．

### 4 パフォーマンス評価

あるタスクに対する作業成績をパフォーマンスという．パフォーマンスの視点から，作業時間やエラー率などでタスクの効率などを定量的に評価する．一概に言えないが，実験協力者が必要な場合，その数は10名程度は必要であろう．

サービスデザインの場合，パフォーマンス評価はその評価の一部となる．例えば，薬局で処方箋による薬を待つ時間の比較などにこのパフォーマンス評価が活用できる．

方法は以下の通りである．
①あるタスクに対する操作時間やエラーの頻度を計測する．
②データの平均と分散（標準偏差）を計算し，検討する．操作時間の分散が大きいということは，早くできる人とそうでない人がいることを意味し，それが熟達者なのか初心者なのか確認する．有意差の検定には，フィッシャーの直接確率検定を活用すればよい．

## 11.4　部分的に，概要の情報を得ることのできる評価手法

### 1 簡易サービスチェックリスト（pp.100-101）

顧客は下記の7項目でサービスのチェックを行う．
①サービスを受ける際，顧客が不安を抱かないよう配慮されていたか？
　例：サービスの説明があったか？
②サービス提供者にスキル，知識はあったか？
　例：サービス内容について，適切に説明できたか？
③サービス提供者の態度は良かったか？
　例：気配りがあり，適切な対応を取り，好印象で信頼感のある態度であったか？
④メインサービスは良かったか？

11.4 部分的に，概要の情報を得ることのできる評価手法

表11.2 簡易サービスチェックリスト

| チェック項目 | 評価 |
|---|---|
| ①サービスを受ける際，顧客が不安を抱かないよう配慮されていたか？<br>(例：サービスの説明があったか？) | 良い／やや良い／どちらでもない／やや悪い／悪い |
| ②サービス提供者にスキル，知識はあったか？<br>(例：サービス内容について，適切に説明できたか？) | 良い／やや良い／どちらでもない／やや悪い／悪い |
| ③サービス提供者の態度は良かったか？<br>(例：気配りがあり，適切な対応を取り，好印象で信頼感のある態度であったか？) | 良い／やや良い／どちらでもない／やや悪い／悪い |
| ④メインサービスは良かったか？<br>(例：クオリティが高く，感動したか？ 手抜きは無かったか？) | 良い／やや良い／どちらでもない／やや悪い／悪い |
| ⑤サービスは効率よく行われたか？<br>(例：顧客を待たせなかったか？ 正確で迅速な対応であったか？) | 良い／やや良い／どちらでもない／やや悪い／悪い |
| ⑥環境は良かったか？<br>(例：雰囲気は良かったか？ 清潔感はあったか？) | 良い／やや良い／どちらでもない／やや悪い／悪い |
| ⑦機械（設備）は良かったか？<br>(例：使いやすく，掃除などのメンテナンスはされていたか？) | 良い／やや良い／どちらでもない／やや悪い／悪い |
| 総合評価<br>全般を通じて，得た印象から操業評価を行う． | 良い／やや良い／どちらでもない／やや悪い／悪い |

　　例：クオリティが高く，感動したか？ 手抜きは無かったか？
　⑤サービスは効率よく行われたか？
　　例：顧客を待たせなかったか？ 正確で迅速な対応であったか？
　⑥環境は良かったか？
　　例：雰囲気は良かったか？ 清潔感はあったか？
　⑦機械（設備）は良かったか？
　　例：使いやすく，掃除などのメンテナンスはされていたか？
この7項目以外に5段階の総合評価を行ってもらうと，重回帰分析により，総合評価に影響を与えるチェック項目を特定することができる（**表11.2**）．

## 2 HMI 5 側面とサービスデザイン（接客面）項目を使ってサービスを評価

　HMI 5 側面とサービスデザイン（接客面）項目を使ってサービスを評価

表 11.3　HMI の 5 側面と接客の 3 側面からサービスの評価をする

| | | 評価項目 |
|---|---|---|
| 人間・機械系 5 側面 | (1) 身体的側面 | ①位置関係（最適な姿勢）：最適な姿勢で作業をしているか？ |
| | | ②力学的側面（操作方向と操作力）：操作する力と方向は良いか？ |
| | | ③接触面（操作具とのフィット性）：フィット性は良いか？ |
| | (2) 頭脳的側面 | ①ユーザのメンタルモデル：ユーザのメンタルモデルを検討しているか？ |
| | | ②分かりやすさ：分かりやすい用語を用いているか？ |
| | | ③見やすさ：視角, 明るさ, 対比, 露出時間を考えて, 見やすくなっているか？ |
| | (3) 時間的側面 | ①作業時間：作業時間は最適か？ |
| | | ②休息時間：休息時間を取り, その時間は最適か？ |
| | | ③システム側の反応時間：反応時間は時間がかからず最適か？ |
| | (4) 環境的側面 | ①空調（温度, 湿度, 気流など）：空調は最適か？ |
| | | ②照明（照度, グレアなど）：照明は最適か？ |
| | | ③その他（騒音, 振動など）：騒音や振動は問題ないか？ |
| | (5) 運用的側面 | ①組織の方針：組織の方針は明確になっているのか？ |
| | | ②情報の共有化：成員間で情報の共有化されているか？ |
| | | ③動機付け：成員は動機付けされているか？ |
| サービスデザイン（接客面）項目 | (1) 気配り | ①共感：顧客の状況を自分も同じように感じ, 理解しているか？ |
| | | ②配慮：顧客の状況に心を配っているか？ |
| | (2) 適切な対応 | ①迅速（時間）：サービスの提供時間など, 迅速に対応しているか？ |
| | | ②柔軟：自由裁量を任され, 柔軟に対応しているのか？ |
| | | ③安心：サービス提供に際しての不安を取り除いているか？ |
| | | ④正確：曖昧ではなく, 必ず確認するなどの正確な対応をしているか？ |
| | | ⑤平等：サービス提供者がどの顧客に対しても平等に対応しているか？ |
| | (3) 態度 | ①共感：顧客の状況を自分も同じように感じ, 理解しているか？ |
| | | ②信頼感：信頼感を得られるように対応しているか？ |
| | | ③寛容：壁を作らず, 人を受け入れているか？ |
| | | ④好印象：良い感じが相手の心に残っているか？ |

する（**表 11.3**）．HMI(Human-Machine Interface) の 5 側面の内，運用的側面でシステム全体についてチェックし，その他の 4 側面でインタフェース，人間工学上の問題点をチェックすることができる．接客面ではサービスデザイン（接客面）項目で対応する．これらの項目を使って，タスクごとに問題点や要求事項を抽出するのがサービスタスク分析（7 章：表 7.2）である．

表11.4 サービスデザインにおける有用性，利便性，魅力性とその項目

| 有用性・利便性・魅力性 | 関係する項目（必要な項目を適宜選択する） |
| --- | --- |
| (1)有用性 | ①機能面<br>②性能面<br>③生産面<br>④価格面<br>⑤エコロジー面<br>⑥耐久性<br>⑦柔軟性<br>⑧信頼性<br>⑨迅速性 |
| (2)利便性 | ①容易な情報入手<br>②分かりやすさ<br>③操作性<br>④製品を使用するための準備<br>⑤収納性<br>⑥携帯性<br>⑦安心感<br>⑧疲労<br>⑨安全性<br>⑩メンテナンス性<br>⑪ユニバーサルデザイン<br>⑫快適性 |
| (3)魅力性 | ①楽しさ<br>②デザインイメージ<br>③インテリア<br>④雰囲気<br>⑤新規性<br>⑥操作感<br>⑦形状<br>⑧質感<br>⑨色彩<br>⑩触感 |

## 11.5 幅広く，概要の情報を得ることのできる評価手法

【有用性，便利性，魅力性によるUX評価方法】

製品を構成している「有用性（useful）」，「利便性（usable）」と「魅力的（desirable）」の3つの側面[3]からUX評価を行う（**表11.4**）．接客が絡まない製品・システムのUX評価に活用する．有用性とは，機能性などの役に立つ側面をいい．利便性は，使いやすさを意味する．魅力性は，デザインなどの魅力を上げる側面をいう．この3側面からサービスを評価する．

3側面による評価方法を以下に示す．

①有効性，利便性，および魅力性に関するサービス項目を選択する．

②それらのサービス項目を使って，5段階評価を行う．

**【評価点数】**
- 非常によく該当する：5点
- よく該当する：4点
- 該当する：3点
- あまり該当しない：2点
- まったく該当しない：1点

③サービス項目のウエイト値を求める[4]．
サービス項目同士の一対比較を行い，重要と思われる方に1を付け，全組み合わせを行いその合計点を求める．そして，その合計点の全合計点に対する比を求め，ウエイト値にする．

④サービス項目に関する評価の点数（例えば，5点満点）を付けて，その数値にそのサービス項目のウエイト値をかけて，その合計値を算出する．

⑤その数値の一番大きいサービスが一番評価が高いか判断する．

## 参考文献

[1] 海保博之，田辺文也：ヒューマン・エラー，pp.144-147，新曜社，1996．
[2] J. A. M. (HANS) Kemp, T. V. Gelderen: Co-discovery exploration: an informal method for the interactive design of consumer products, pp.139-146, Usability evaluation in industry, Taylor and Francis, 1996.
[3] Null, R. L., Cherry, K. F.: Universal design, Professional Publications, Inc., p.116, 1998.
[4] 浅居喜代治（編著），システムの計画と実際，pp.95-97，オーム社，2001．

# 12章 汎用システムデザインプロセスを活用したサービスデザイン事例

阪急電鉄と京都女子大学の産学連携のプロジェクトとして，洛西口駅高架下のサービスデザイン提案を行ったので，紹介する．汎用システムデザインプロセスを活用したサービスデザインの提案事例である．

## 1 メンバー

家政学部 生活造形学科 山岡研究室の学生3チーム（合計9名）と2年生のデザイン実習の授業での希望者による3チーム（合計7名）である．本書では下記の4グループを紹介する．

Aグループ：脇結花莉，山口ゆり，松浪衣摘（3年生）
　**【提案名：阪急電車に泊まれる駅、洛西口】**

Bグループ：松林未誉子，村田愛，千田有佳里（3年生）
　**【提案名：みんなのすぐそこに，すぐそばに洛西口駅】**

Cグループ：西野紗織，藤田結（2年生）
　**【提案名：洛西口と生きる】**

Dグループ：冨田福子，鳥居南早織（2年生）
　**【提案名：洛西口のブロードウェイ】**

## 2 プロジェクトの概要

汎用システムデザインプロセスのステップを活用して，高架下を活用した利用客への新しい価値提供を検討した．特に，事前調査を行いシステムの概要を詳しく検討した．⑧評価は，プレゼンを行い企業の方からコメントをいただいた．

(1) 企業や組織の理念の確認
(2) 大まかな枠組みの検討（事前調査）
　駅周辺の現状調査（歩行者数，施設，経済状況など）を行った．

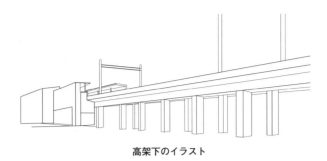

高架下のイラスト

(3) システムの概要

①目的，目標の決定，②システム計画の概要（人間と機械・システムとの役割分担，制約条件の検討，構成要素の明確化と構造化）

(4) システムの詳細

③市場でのポジショニング，④ユーザ要求事項の抽出，⑤ユーザとシステムの明確化（仕様書），⑥構造化コンセプト

(5) 可視化

⑦可視化

(6) 評価

⑧評価

## 3 汎用システムデザインプロセスの効用

　通常，体験を基にした従来のデザイン方法だとデザイントレーニング歴がある3年生の方が良いアイディアやシステム提案を行うが，今回，汎用システムデザインプロセスの手続きに基づいて行ったので，そのような結末にはならなかった．事前調査を行い，目的，目標を決めてから，制約条件，システム構成要素を特定した後，構造化コンセプトを構築し，可視化した．

　また，所定の手順に従って，デザイン条件を絞り込んでゆくので，デザイン経験に依存すること無く，システム構築ができたと考えている．また，フレームを使うとアイディアの幅が無くなるとよく言われるが，今回はそういうことは無かったと思う．制約条件で絞り込んだうえで発想しているため，荒唐無稽のアイディアは無く，現実的な視点での幅広いアイディアを提案できたと考えている．

## (1) A グループ：阪急電車に泊まれる駅，洛西口
担当：脇結花莉，山口ゆり，松浪衣摘（3年生）

| | |
|---|---|
| 事前調査 | ・洛西口駅付近の現状，社会の経済動向，阪急電鉄の理念を調べた．<br>京都へのアクセスが良い，植物や園芸関係の高校が駅付近にある，田園地帯があり農家の家庭が多い，沿線開発を進めたいなど．<br>・京都にあるカプセルホテル4件を比較した．<br>稼働率や満足度を上げるための条件を考察した．話題性があること，立地が良いこと，ブランドがあること，デザイン性が高いことなどが必要と認識した．<br>・現存するトレインホテルに需要がない原因を調べた．<br>そのままの形で利用しない，劣化が早いので維持費用がかかるなどが分かった． |
| 目的 | 京都観光客または都会で働く疲れを感じる人々を呼び込み，洛西口駅に宿泊施設をつくることにより，沿線開発と地域活性化を実現する． |
| 目標 | ①機能性<br>京都観光で一泊する，京阪神の観光拠点にする，別荘で癒される．<br>②楽しさ<br>「電車に宿泊する」という非日常性で他の宿泊施設との差別化を図り，顧客を呼び込む．<br>③効率性<br>ムービングウォーク（動く歩道）の設置で快適な敷地内の移動を実現する．<br>④安全性<br>侵入防止柵を設置する．<br>⑤費用<br>廃車になった車体を再利用することにより，建物にかかる初期費用を抑える． |
| 制約条件 | ・施設を高架下内に収めなければならない．<br>・電車の走行音が聞こえる．<br>・影になっており少々暗く，マイナスイメージを持たれている． |
| 構成要素 | コンビニ，カフェ，ホテル，ラウンジ，野菜市場，貸別荘を構成要素とする． |

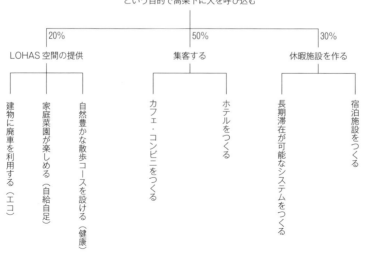

構造化コンセプト

## 12章　汎用システムデザインプロセスを活用したサービスデザイン事例

■レイアウト

■ホテル利用者のタスク

チェックイン ＞ 移動 ＞ 入室 ＞ カフェ・コンビニへ ＞ チェックアウト

券売機で宿泊料を払い切符を入手し，改札に通して中に入る．切符は記念に持ち帰ることが可能である．インターネット予約の場合，事前に入手したバーコードを改札にかざして中に入る．

通路のムービングウォークに乗り，所定の部屋へ移動する．通路は駅のホームに似せたデザインにする．

カプセルタイプ，スタンダードルーム，スイートルームの3つのバリエーション展開．スイートルーム宿泊客には夕食付き．

【Point】
阪急電車をイメージした内装で非日常感を高める．

販売物はここでしか買えない限定メニュー．（駅弁や軽食，飲み物）インテリアとして撮り鉄・描き鉄の作品と阪急電鉄の歴史パネルを展示する．

【Point】
車窓からホテル宿泊客がムービングウォークで移動している様子が見え，電車が動いているような錯覚を起こす．

スイートルーム

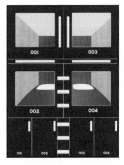

カプセルタイプ

Aグループ：阪急電車に泊まれる駅，洛西口

■貸別荘利用者の タスク

入館 ＞ 移動 ＞ 入室 ＞ ラウンジ・野菜市場を活用しながら生活

ムービングウォークは貸別荘地帯手前で途切れる．ここからの通路は木々が植えられた「散歩道」となり，徒歩で別荘へ向かう．別荘住民は周囲の自然と菜園場を眺めながら散歩ができる．健康的なライフスタイルを実現させる．

家具，台所備え付け．

1軒につき1つ（1m×2m）菜園上を設置する．別荘に住んでいる間に家庭菜園が楽しめる．自由に収穫してよし．収穫できない場合は「野菜市場」から貰う．総合管理は地元の高校生が行う．

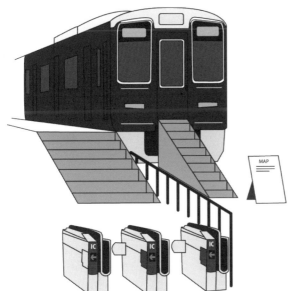

休暇を充実させるために，施設に関連のあるセレクト本の貸し出しを行う．LOHASをテーマに取り揃える（京阪神ガイドブック，家庭菜園，自己啓発本，料理本，小説 etc...）．

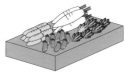

改札を通るユーザはホテル，貸別荘利用者のみである．コンビニ，カフェを利用する一般客は改札を通らず，直接電車にアクセスする．

菜園場で収穫した野菜や植物をストックする場所．別荘利用者は自由に持ち帰ることができる（別荘代にどっさり入れ込む）．人数分の野菜と一緒に別荘でも作れる簡単なレシピを提供する．地域住民にボランティアを募る．

**全体デザイン案**

## (2) B グループ：みんなのすぐそこに，すぐそばに洛西口
担当：松林未誉子，村田愛，千田有佳里（3年生）

| | |
|---|---|
| 事前調査 | 核家族化が進む中で近隣住民の関係が疎遠になり，コミュニティが減少している現代において，災害などに備えて，コミュニティの必要性が高まっている．また，新興住宅地もできてきている． |
| 目的 | 事前調査から，この地域では以前より住み続けている住民と，新たに参入する住民が混在していることがわかる．そのような地域と阪急電鉄が連携して，より良い新たな地域コミュニティを実現する． |
| 目標 | ①機能性<br>　足湯は，大人数用と個人用に分け，大人数用は，周りと会話をしながら楽しむことができる喫茶形式にし，個人用は，料金は高くなるものの薬草などを入れ，人それぞれの楽しみ方ができる形式に分ける．<br>②効率性<br>　駅利用者が使うコンビニなどは，駅近くに集約し，主に地域住民が使う屋台や畑などは，駅から離れた高架下に配置する．<br>③楽しさ<br>　ふらっと立ち寄れる屋台とするため，50軒程度のお店で，多種多様な料理とサービスを提供することで，利用者に飽きさせないようにする．<br>④費用<br>　地域住民や駅利用者が生活していく中で，屋台などの料金設定は安価にし，また共有の畑で採れた野菜なども安値で販売し，気軽に立ち寄れる場とする． |
| 制約条件 | 社会面の制約条件<br>　駅周辺は住宅街でファミリー層が多く，新興住宅開発地域である．今後，新婚など若い世代が増えることが見込まれる．<br>交通面の制約条件<br>　京都，大阪など都心に出るには利便性がよく，通勤通学に阪急電車を利用する人が多い． |
| 構成要素 | 足湯，屋台，京野菜畑，駐車場 |

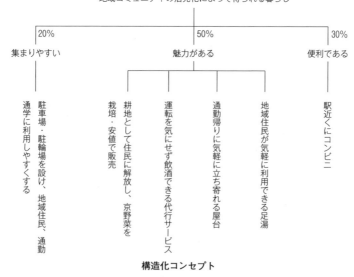

構造化コンセプト

Bグループ：みんなのすぐそこに，すぐそばに洛西口

■レイアウト

| 駅 | 足湯 | 屋台 | 京野菜畑 | 駐車場 |
|---|---|---|---|---|
|  | 100 m | 140 m | 100 m | 10 m |

■タスク例

足湯 → 屋台飲み

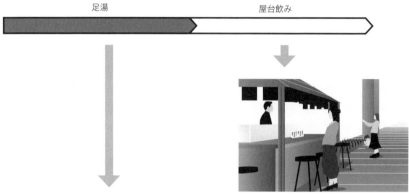

気軽に立ち寄れる居酒屋

落ち着いた内装デザイン

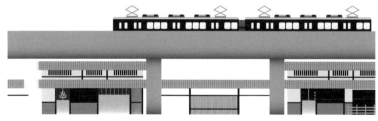

全体デザイン案

## (3) Cグループ：洛西口と生きる
担当：西野紗織, 藤田結（2年生）

| | |
|---|---|
| 事前調査 | 洛西口駅周辺には，様々な施設が充実しており，既に住宅地として完成している一方で，人口増加率は横ばいである．そこで住民の充実した生活をサポートするような施設を充実させることで，洛西口駅周辺の住民増加，および，駅の利用者増加を見込めると考える． |
| 目的 | 洛西口駅高架下に住民増加のきっかけとなるような施設を設けることにより，駅の利用者増加を目指す． |
| 目標 | 体験型ビジネスを提供することにより，今までにないライフスタイルを実現する．<br>①安全性：保護者が安心して子どもを遊ばせることができる空間の提供．<br>②信頼性：品質にこだわった信頼できる商品の展開．<br>③費　用：公と私の中間的な施設のため，利用者の費用の負担を減らす． |
| 制約条件 | 騒音に対する配慮 |
| 構成要素 | 食の空間・モノの空間・公園・カフェ・公民館<br>洛西口駅の利用者は観光客よりも地元住民のほうが多いため，地域に密着した住民に長く愛される空間が必要である．また洛西口駅周辺にはすでに様々な施設が充実しており，モノの充実よりも，質の良さ・出会いの喜びを重視した空間の演出が求められる．<br>そのため，食・モノ・公園・カフェ・公民館の5つの空間で，地元住民に長く愛される高架下の演出を提案する． |

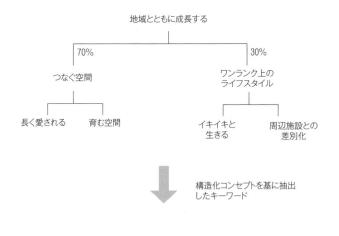

**構造化コンセプトと具体的なキーワード**

Cグループ：洛西口と生きる

■レイアウト

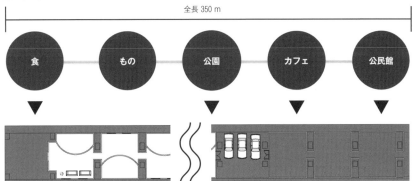

駅側から120 mを食のスペース，70 mをもののスペース，50 mを公園とカフェスペース，110 mを公民館のスペースとする．駅に遠い側に目的をもって利用する施設，近い側にふらっと立ち寄る店舗を置くことにより，人の流れを誘導する．

■タスク

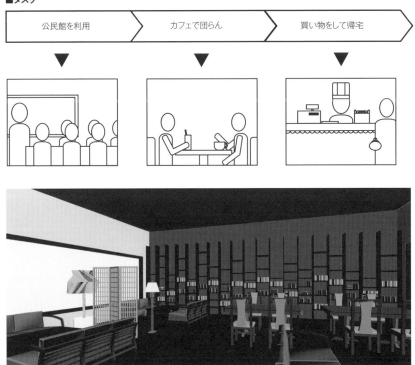

カフェ内装イメージ

## (4) D グループ：洛西口のブロードウェイ

担当：冨田福子，鳥居南早織（2 年生）

| | |
|---|---|
| 事前調査 | 和歌山県のポルトヨーロッパでは，観光客集客のために 3 月 19 日から入場料を無料にするなどの工夫が見られているほか，USJ でも新たな客層を取り込む動きが見られる．このような状況から京都という日本色の強い風土に外国的要素を含んだテーマパークを展開し京都の新しい一面を PR することができ，外国人・日本人観光客双方からの注目度が上がると考えられる． |
| 目的 | 洛西口駅周辺を外国風のテーマパークにして，新しい観光地として賑わせる． |
| 目標 | ①安全性：避難経路の確保<br>②信頼性：知名度の高い企業の協賛・宣伝によるバックアップ<br>③効率性：閑散・繁忙の時間帯を考慮した営業<br>④費　用：サービスへの投資を積極的にする |
| 制約条件 | ・音の拡散範囲の管理の徹底<br>・災害対応時の地域との連携 |
| 構成要素 | レストラン，劇場，喫茶店，駐車場，シアター型レストラン |

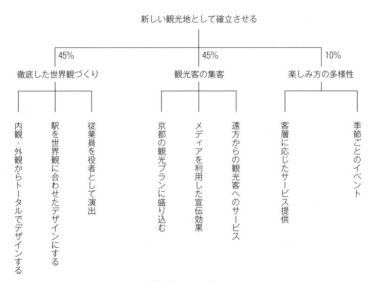

**構造化コンセプト**

Dグループ：洛西口のブロードウェイ

■レイアウト

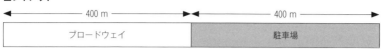

全体の面積を洛西口のブロードウェイと一般駐車場・ターミナルで400mずつに分ける．裏口から出られる避難経路も確保する．

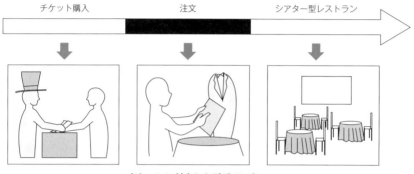

各シーンに対応したデザイン案

全体デザイン案

# 事例編

# 13章 IoTを活用したサービスデザイン戦略（シスメックス）
―機器＋試薬＋サービスの一体化によるサービス価値の提供―

## 13.1 シスメックスの事業概要

　シスメックスは，血液，尿などを調べる検体検査の分野を事業領域とする，B2Bのビジネスモデル構造を取る企業であり，ビジネス対象（顧客）は医療機関や医療機関から検体検査業務を受託する検査センターなどである．

　主な製品として，血球計数検査，血液凝固検査，免疫血清検査，尿検査などの検体検査に必要な機器や試薬，機器を連結する搬送システム，検体検査の測定結果などを管理する情報システム，ならびにこれら製品のサービス＆サポートまでを総合的に顧客に提供している．

　ビジネスの大枠は，上記の通り，機器（ハード），試薬（消耗品）およびサービス＆サポート（サービス）であり，特に，サービスは機器（ハード），試薬（消耗品）と顧客を有機的に結び付ける機能を担っている．例えば，医療機関の検査機器とシスメックスのカスタマーサポートセンターと専用回線で接続することにより，様々なサービスを提供するシステムを構築している．

　このシステムはSNCS（Sysmex Network Communication Systems）と言い，本章ではこのSNCSを説明することにより，シスメックスのサービスデザインの概要を紹介したい．

## 13.2 SNCSの内容

　SNCSは，顧客にAccurate（正確な，精密な），Speedy（迅速な），Useful（有用な，価値ある），Reliable（信頼できる）な価値（図13.1）を顧客へ提供するために，4領域のサービスから構成されている（図13.2）．

13.2 SNCS の内容

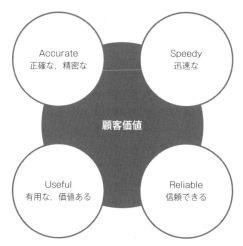

図 13.1　4 つの価値を提供

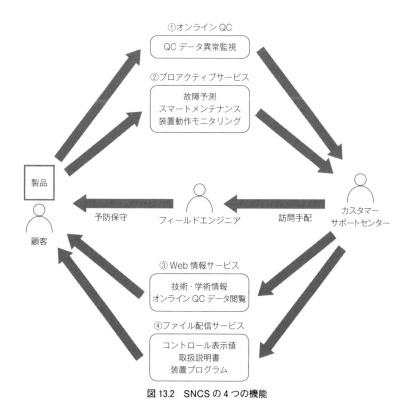

図 13.2　SNCS の 4 つの機能

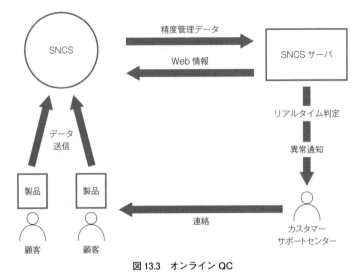

図 13.3　オンライン QC

① オンライン QC

　測定結果の信頼性を常にサポートする．

② プロアクティブサービス

　予防的な保守で，トラブルの発生を低減する．

③ WEB 情報サービス

　学術・技術情報など，有用な情報を顧客に提供する．

④ ファイル送信サービス

　顧客の装置に対して取扱説明書やプログラムなど最新の情報を送る．

**【① オンライン QC（図 13.3）】**

　顧客側で測定された精度管理データは，リアルタイムに SNCS サーバに送られ，同様に全国の他の顧客より送付されてくるデータ（大規模母集団）と比較することにより，信頼性をサポートしている．チェックする視点は，「正確度」「精密度」「傾向」の 3 点から行われ，データに異常があった場合，カスタマーサポートセンターのスペシャリストが迅速に顧客に連絡し，問題解決に当たるサービスシステムである．これらの対応の根底には，医療用の検査機器なので結果が不正確な場合，正しい診断が下せなくなる可能性があるため，常にデータは正確に維持するという考え方がある．

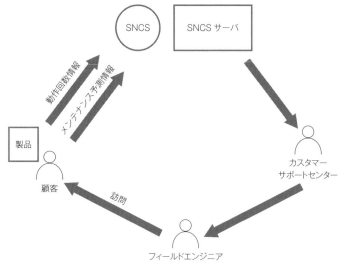

図 13.4　プロアクティブサービス

## 【②プロアクティブサービス（図 13.4）】

予防的な保守点検を行うことである．顧客側にある装置に関する各種情報をネットワーク経由で取得または確認し，故障の兆候が無いかをチェックする．故障などが予測される場合は，フィールドエンジニアと連携して予防的な保守点検を行い，トラブルの発生を防止している．

具体的には，「故障予測」「スマートメンテナンス」「操作動作モニタリング」の 3 つの視点から装置を総合的に見守るというシステムである．

①故障予測

動作回数やメンテナンス予測情報をベースに，フィールドエンジニアと連携して装置の調整や消耗品の交換作業などを行い，トラブルの発生を未然に防ぐ．

②スマートメンテナンス

顧客からの要望に合わせて，定期的あるいは決められた日時に，カスタマーサポートセンターからリモートアクセスによる点検を行う．

③装置動作モニタリング

電源投入から測定，シャットダウンまで，リアルタイムでエラーログ監視を行い，万一の場合は顧客へ緊急エラーの通知を行う．

【③ WEB 情報サービス】

スキャッタグラム（散布図）集，学術情報，設定集や Web セミナーなどのシスメックスが蓄積した豊富なコンテンツを Web から閲覧できる．

【④ ファイル送信サービス】

顧客の装置に対して，精度管理用コントロール物質の表示値，取扱説明書，装置プログラムなど最新の情報を送る．

## 13.3 シスメックスのサービスデザイン

以上述べてきたように，シスメックスのサービスデザインの特徴は，従来の機器（ハード）＋試薬（消耗品）で形成されるビジネスフレームを超え，IoT を活用したサービスシステムを構築したことである（**図 13.5**）．その基本の考え方は，「正確な検査結果を臨床に提供する」という，顧客が求める本質的な要求への対応である（顧客重視の視点）．

また，直接販売体制を構築したことも，サービスデザインの観点からメリットがあった．つまり，直接，顧客の声を聴くことができ，製品やサービスシステムに顧客の声（課題）をフィードバックできたのである．その結果，サービスシステムの有効性，魅力性，ロバスト性を向上させ，顧客から高い評価を得ている．

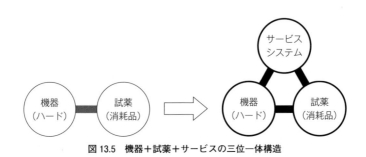

図 13.5 機器＋試薬＋サービスの三位一体構造

［山岡俊樹］

# 14章 ビジョンシンキングで社会課題解決の仕組みを作る（オムロンヘルスケア）
―オムロンの血圧分析サービス MedicalLINK―

## 14.1 オムロンの高血圧診療サポートへの取り組み

　社会のニーズを先取りした経営をするためには，未来の社会を予測する必要があるとの考えから提唱された「SINIC 理論」（**図 14.1**）．オムロン創業者・立石一真が 1970 年に国際未来学会で発表した未来予測理論である．パソコンやインターネットの存在しなかった高度経済成長の真っただ中に発表されたこの理論は，情報化社会の出現など，21 世紀前半までの社会シナリオを高い精度で描き出している．オムロンはこの理論を元に，社会に対して常に先進的な提案を行ってきた．

　SINIC とは，"Seed-Innovation to Need-Impetus Cyclic Evolution" の頭文字をとったもので，「SINIC 理論」では，「科学と技術と社会の間には円環論的な関係があり，異なる 2 つの方向から相互にインパクトを与えあっている」としている．1 つの方向は，新しい科学が新しい技術を生み，それが社会へのインパクトとなって社会の変貌を促すというもので，もう 1 つの方向は，逆に社会のニーズが新しい技術の開発を促し，それが新しい科学への期

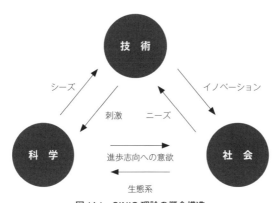

図 14.1　SINIC 理論の概念構造

待となるというものである．この2つの方向が相関関係により，お互いが原因となり結果となって，社会が発展していくという理論である．

1952年，西式健康法の創始者・西勝造氏から『サイバネティックス』[1]という書物を紹介された立石は，その副題「動物と機械における制御と通信」に心を惹かれた．マサチューセッツ工科大学のウィーナー博士によって提唱されたこの理論から，健康管理を合理的にするために健康度合いを測定するという技術者魂に火が灯ったのである．人間の身体を，工学的に見れば非常に精巧なオートメーション工場だと考えた立石は，生体に対するサイバネティックス適用の広範な展開を「健康工学」と名付け，生体の健康管理と病気の診断をサイバネーション技術で，一連のシステムエンジニアリングとしてまとめることを目指した．診断のための各種測定器の研究開発，さらに生体機構に密着したまったく新しい計測法の開発への挑戦である．健康工学の研究は，後年，株式会社立石ライフサイエンス研究所（現オムロンヘルスケア）の設立へと至る．

ここでは，オムロンの40年以上にわたる血圧計事業について，社会・科学・技術との関係をシステムデザインの観点から俯瞰し，2つのイノベーションを読み取ることで，オムロンがどのように「健康工学」を事業化してきたのかについて解説する．

## 14.2　血圧計事業の歩み

オムロンが家庭でも使える電子血圧計を初めて製品化したのは，1973年のことである．当時は，血圧は医師や看護師が病院で測るものだという考えが根強く，医療サイドからは"家庭で血圧を測る必要はない"など，大きな非難を浴びた．このような時代に，"科学"の観点から血圧は家庭で測るものであるという論文[2]が，聖路加国際病院の日野原重明医師によって発表された．これは，血圧を家庭で測れないかという医療側（科学）からの技術側への要請とも言える．しかし，当時は診察室で使われている水銀柱を使った聴診式の血圧計しか，精度において血圧計として認められておらず，患者が家庭で手軽に正確な測定を行うことは至難の業だった．

1つ目のイノベーションは，1985年に"オシロメトリック"という血圧測

定技術がオムロンの血圧計に搭載され，患者が自分で簡単かつ正確に血圧測定できるようになったことである．その技術は，"科学"を刺激し，東北大学の今井潤医師を中心に，岩手県花巻市大迫町で町民1000人規模の家庭血圧研究の実施を可能とした．1986年に始まったこの「大迫研究」は現在も続けられている．この研究の大きな成果は，通院時に病院で測定する血圧値よりも家庭での血圧値の方が血圧治療において重要であることを実証したことである．大迫研究のエビデンスにより，2004年に家庭血圧測定の指針ができ，それがベースとなって現在の高血圧治療ガイドラインが生まれた．医療の考え方が大きく変わったのである．研究成果はWHOでも採用され，世界中の血圧管理，血圧治療のスタンダードともなっている．

　オムロンが現在，家庭向け血圧計のグローバルシェアがNo.1である理由は，このように医療分野での"研究（科学）"を，血圧を測る"技術"で支えてきたからに他ならない．"家庭で血圧を測るという市場"を，オムロンは医療と連携して築いてきたという訳である．

**【血圧計事業から，血圧を管理する事業へ】**

　2つ目のイノベーションの節目は，ICT（情報通信技術）の到来である．家庭での血圧管理は新しいICTの進化によって，さらなる進化が始まった．血圧計に搭載された通信機能によって，家庭で測った血圧データがクラウドに保管され，そのデータを医療従事者がいつでも，どこでも見ることができるようになった．2012年に高血圧専門医を中心に設立された，NPO法人高血圧改善フォーラム（hytek）が進める医療機関・一般市民・関連企業を含めた取り組みの中でオムロンの「MedicalLINK（メディカルリンク）」サービスが使われ，高血圧治療は新たなステージを迎えた．

**【メディカルリンクサービスの仕組み（図14.2）】**

①サービスに申し込んだ患者には「認証カード」を支給．サービスを導入した医療機関には，認証カード用のカードリーダーやデータ閲覧プログラムをオムロンから無償で提供．

②患者は，家庭での血圧測定値をメディカルリンクサーバーに転送（3G通信機能を搭載した専用血圧計を使用すると，測定するだけで自動転送．対応血圧計以外で測定する場合は，会員サイトから測定結果を入力）．

③個人の血圧変動の各種グラフを，インターネットを通じて医師のパソコン

14章 ビジョンシンキングで社会課題解決の仕組みを作る（オムロンヘルスケア）

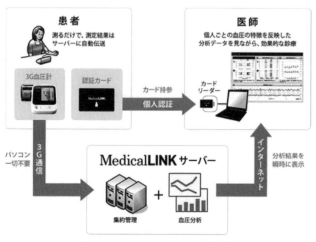

図 14.2　MedicalLINK サービス概略図

に瞬時に表示．

④患者は受診時に「認証カード」を持参．医師のパソコンに接続したカードリーダーに認証カードを乗せるだけで，患者の様々な血圧分析データが表示される．

## 14.3　オムロンのサービス構築の思考と構造

**【ビジョンアウトの事業推進】**

　オムロンの事業開発を推進するモチベーションエンジンは，"Social Solution（社会課題の解決）"である．まず社会課題を描き，それを事業ビジョンに設定して事業開発を進めている．日本の高血圧患者は約4300万人と言われているが，そのうち少なくとも一度来院した患者は約40％，継続して通院している患者は24％，降圧目標を達成している患者にいたっては13％に留まっている．オムロンは，このわずか13％しか正しい治療ができていないという社会的な命題を解決するということを"事業ビジョン"にして，"心筋梗塞，脳梗塞といったイベント（疾患）発症をゼロにしたい"というスローガンを掲げて事業を推進している．この事業ビジョンの軸を未来に向けてはっきりと描き切ることが，事業目標のぶれを防ぐのである．

## 14.4 社会・技術・科学の関係性

"イベント発症をゼロにする"というミッションは，大きな社会課題である．この命題を解決していくために，医療サイドが技術に刺激を与えて技術開発が進み，技術が科学を刺激して研究を可能にするなど，双方が社会課題を解決するために影響を与え合うという構図こそ，オムロンが創出するビジネスモデルなのである．このシステム思考が，これまでも，またこの先も変わらずオムロンの事業をガイドしていく．

## 14.5 オムロンの血圧計事業から血圧事業を俯瞰する

図14.3は，これまでの血圧計の技術開発の流れを製品ごとに図式化したものである．技術開発については，血圧の計測精度，ユーザビリティー，環境への配慮，情報通信などに大別できる．この年表に，前述の2つのイノベーションの節目を重ねてみると（**図14.4**），どのような構図が浮かび上がるだろうか．

この2つの図を俯瞰すると，"社会課題（事業ビジョン）"の解決を実現するために，"技術"と"科学"が刺激し合う構造が見えてくる（**図14.5**）．それはまさに，創業者・立石一真がサイバネティックスの生体に対する適用の広範な展開を「健康工学」と名付け，生体の健康管理と病気の診断をサイバネーション技術で，一連のシステムエンジニアリングとしてまとめることを目指した事業展開なのである．

現在，メディカルリンクは様々な場面で運用実験されている．沖縄では離島で生活する独居老人の血圧値を本島の医療機関がモニタリングすることで遠隔医療の実証実験に使われたり，東日本大震災での仮設住宅で生活する被災者の健康管理に使われることで，新たな"高齢者の見守り"という価値も見えてきた．その他，各地の自治体を中心に地域医療にも役立っている．データの分析を進めていく中で，高血圧と認知症の関係も見えてくるなど，このような仕組みを回していくことで，将来予測されるさらなる社会課題の発見にもつながっている．

14章　ビジョンシンキングで社会課題解決の仕組みを作る（オムロンヘルスケア）

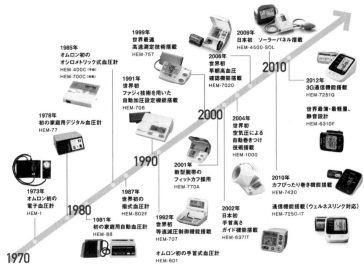

図 14.3　血圧計の技術開発の流れ

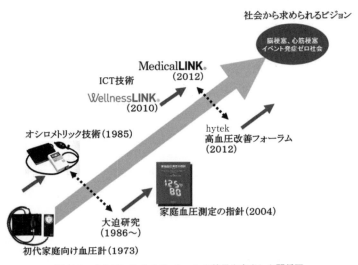

図 14.4　オムロンのイノベーションの節目を表出した関係図

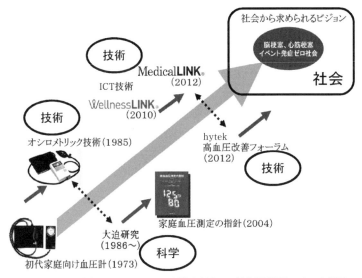

図14.5　2度の技術イノベーションが科学を刺激して社会課題解決に向かう構図

## 14.6　最後に

"サービスデザイン"という言葉をよく耳にするようになってきた．サービスを成功させるためには，そのサービスの提供者が「社会を変えていくんだ」という強いビジョンを抱くことが不可欠である．また，ビジョンを実現するためには技術開発や研究への投資，さらには世の中のルールを変えるための活動，内容によっては法律の整備，ガイドライン諸々のルール制定も必要になる．

医療分野は特にエビデンスが求められる事業領域で，本文で紹介したようにオムロンにおいては1つのイノベーションに要する年月の目安は概ね20年である．しかし，高齢化が進む現代社会において，医療分野では高齢者の健康に絡む社会課題の方が切実な問題となっていて，医療制度改革も含めたさらなるスピードが求められている．

すべてはビジョンアウトで始まるといっても過言ではない．章題にある"ビジョンシンキングで社会課題解決の仕組みを作る"こと，それは，いまや地球規模で求められている時代と言える．

## 参考文献

[1] Norbert Wiener: Cybernetics: Control and Communication in the Animal and the Machine. First ed., The MIT Press, 1948（池原止戈夫，彌永昌吉，室賀三郎訳，サイバネティックス：動物と機械における制御と通信，岩波書店，1957）.
[2] 日野原重明他："家庭血圧"の臨床医学的意義（その心身医学的立場からの考察），第16回日本心身医学会総会，1975.

［小池　禎，オムロンヘルスケア株式会社　デザインコミュニケーション部］

# 15章 オフィス設計サービス（イトーキ）
―健康的で生産性の高い働き方をアシストするワークサイズプランニング―

## 15.1 オフィスプランニングによる働き方のサポートサービス

オフィスプランニングとは，机や椅子などの家具，床や壁などの内装，サイン，照明や情報機器などの設備，運用計画を含めて，目的に応じた働き方ができるようなシステムを構築することである．本章ではその事例として，生産性の向上と健康増進を両立する働き方を促すオフィスの設計サービスを紹介する．

オフィスとそこでの働き方を考える上で重要な視点の1つはもちろん生産性の向上だが，セキュリティや環境影響など，併せて考えるべきことは数多くある．特に近年その重要性が指摘されているのは，働く人の健康である．働き方は働く人の健康状態に大きな影響を与え，生産性にも影響する．また，従業員が健康であることは従業員満足度，企業イメージなどに影響し，企業価値の増減にもつながることから，従業員の健康増進を経営課題と捉えて戦略的に取り組む「健康経営」という考え方も普及しはじめている．健康経営の具体的施策には，健康診断の受診勧奨や健康教育などがあるが，オフィスなどのファシリティとその運用に工夫をすることで，健康に害のある働き方を抑制したり，より健康的な働き方を促したりすることも施策となる．

### 1 ワークサイズとは

仕事中の行動には，仕事にとって良いものと悪いものがあるように，健康に良いものとそうでないものがある．この内，仕事にも健康にも良い行動を「ワークサイズ」と呼んでいる（**図15.1**）．ワークとエクササイズの造語である．ワークサイズには，歩く，立って仕事する，コミュニケーションする，リズムを整えるなど，8つの種類がある．

15章 オフィス設計サービス(イトーキ)

図 15.1　ワークサイズ

## 2 ワークサイズプランニングの手順

適切な種類と量のワークサイズが起こるようなオフィスを計画するサービスが「ワークサイズプランニング」である.

## 15.2　要件定義

オフィスの設計は，オフィスを新設するとき，あるいは移転や改修をするときに行うものだが，必ずその背景には「新しい組織や会社を設立する」，「人が増えて手狭になった」，「部門間のコミュニケーションが良くない」といった，オフィス構築の動機となる課題がある．その課題をより明確にし，さらに顧客からは直接出てこない潜在的なものも含めて課題を可視化し，オフィス設計のコンセプトを策定することをプログラミングという.

ワークサイズプランニングでは，このプログラミングのフェーズで，健康課題についても調査する．独自のサーベイを用いて定量的に調査をすることもあれば，顧客の側で健康課題を把握している場合はその内容を共有することもある．十分な調査時間がないときなどは，ヒアリングと独自のサーベイで蓄積されたデータを用いて，働き方の特徴から健康課題を想定する場合もある.

オフィスによって行う健康増進は，個人の行動を規定したり制限したりす

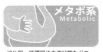

メタボ系
Metabolic
消化器、循環器や血液状態などの、内臓に関わる問題。
ロコモ系
Locomotion
筋肉や骨、関節などの運動器や眼や耳鼻といった感覚器の問題。
ニューロ系
Neuro
脳・神経の病気や、気分障害・神経症などこころに関わる問題。
パンデ系
Pandemic
インフルエンザや食中毒など、感染によりおこる問題。

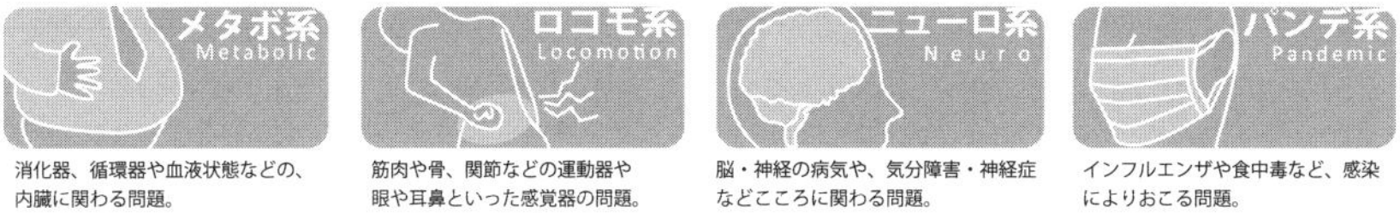

**図 15.2　健康課題の分類**

るものではないし，すでに何らかの病気を発症している人を治療する医療でもない．働く人全体に働きかけて望ましい行動を促す，ポピュレーションアプローチと言われる対策の１つであるため，健康課題は大きく，以下の４つに分類して把握する（**図 15.2**）．

①消化器や循環器などの課題：放置すれば生活習慣病につながるような課題，ワークサイズプランニングではメタボ系と呼んでいる．

②骨，筋，感覚器などの課題：運動に関わるような課題，ロコモ系．

③脳・神経や心の課題：認知症やメンタルヘルスにつながる課題，ニューロ系．

④感染症やアレルギー：外部から何かが侵入して起こる課題，パンデ系．

以上の健康課題と仕事の課題から，オフィスのコンセプトを，例えば「定型業務の効率向上と，メタボ系およびロコモ系の課題を改善する，活動的なオフィス」というように設定する．

## 15.3　設計

課題とコンセプトが明確になったら，まず課題の解決につながるワークサイズの種類と量の目標を定める．

「定型業務の効率向上と，メタボ系・ロコモ系の課題を改善する，活動的なオフィス」の例で見てみよう．「人員増により，増床とレイアウト変更を行う．自席に使用しているデスクは比較的新しいため，できれば引き続き使用したい．書類とコンピュータを使う定型業務に従事する人が多く，年齢・性別は様々である．平均的な労働時間が１日８時間で，約 90％が座位．運動不足であり，目の疲れ，肩の痛みの愁訴率が高い．打ち合わせの時間は週に１回，各１時間程度．仕事の上では作業効率改善が課題となっている」というようなケースとする．運動不足を補い，作業効率を改善するために，1

人当たり1日2時間程度のワークサイズ「立って仕事をする」を取り入れる．また，運動不足と目の疲れ，肩の痛みを改善するため「歩く」と「ストレッチする」の目標を各10分とする．

目標が決まったら，目標の行動を実施できるようなオフィスを，ハードとソフトの両面で計画する．まず，自席のデスクは変更したくないので引き続き使用するものとして，新たに共有の作業スペースを設け，ここに対象人数と作業時間から割り出した席数の立ち作業デスクを導入する（**図 15.3**）．年齢や性別が様々で体格差もあると想定されることから，立ち作業席は高さ調節ができるものを選定する．座位の合間に時々立ち作業を挟むことで運動不足を補いつつ，覚醒度の低下を防ぎ，作業効率の向上を図る．また自席以外の場所へ移動することで，オフィス内での歩行を促す効果もある．印刷した書類を取りに行くときに，書類の確認や整理はその場で済ませられるよう，プリンターの周囲にも立って作業ができる作業台を設置し，書類の整理に必要な文具等を備えておく．スペースがない場合には，キャビネットの上などを利用してもよいが，そこが作業のための場所であることを直感的に伝え，居心地をよくして利用を促すために，キャビネットにはきちんと天板をつけ，ソフトエッジのついているものにするなどの一工夫があるとなおよい（**図 15.4**）．また，印刷の待ち時間に目の疲れを緩和するため，視線の先の5m程度離れたところにアイポイントを設置する（**図 15.5**）．休憩時にストレッチができるよう，リフレッシュスペースとトイレにストレッチを促すサインを設置する（**図 15.6**）．これらのハードが効果的に利用され，意図した業務や健康の改善効果を発揮するために，運用の仕掛けを合わせて導入する．時々立って作業をする，リフレッシュ時にストレッチをすることなどの必要性を周知した上で，作業時間の目安を設け，定期的に休憩したり作業場所を切り替えたりするためのルールを設ける．また，業務システムやスマートフォンなどで，定期的に，あるいは一定時間の座位が続いたことを検知したときに，立ち作業やストレッチを促すメッセージを発する仕掛けを導入してもよい．

以上のような個別の仕掛けを適宜盛り込みながら，オフィス全体のレイアウトをチェックする．机と椅子の高さを変えると姿勢や目の高さが変わることなどから，集中のしやすさやコミュニケーションの取りやすさ，覚醒度や

15.3 設計

図 15.3 上下昇降デスク

図 15.4 ソフトエッジ付きキャビネット

図 15.6 ストレッチを促すサイン

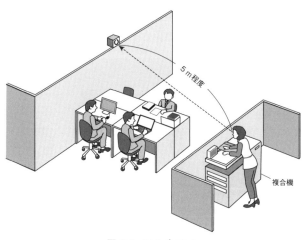

図 15.5 アイポイント

15章 オフィス設計サービス（イトーキ）

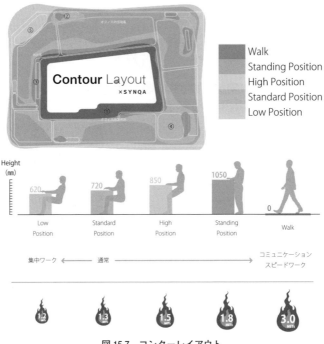

図 15.7　コンターレイアウト

単位時間当たりの消費エネルギーが変化する．座位，立位だけでなく，座位と立位の中間の姿勢，通常の座位より低い姿勢など，複数の高さを活用すると，それぞれの特徴を活かし，それぞれのスペースをうまく機能させることができる．このようなレイアウトの仕方をコンター（等高線）レイアウトと呼んでいる（**図 15.7**）．

## 15.4　評価

　以上のようなオフィスができ，実際の仕事が始まったら，目的が達成できているのかを確認する．本来は生産性の向上や健康状態そのものの改善が図られているのかを確認すべきところだが，生産性の向上は質的なものを含めると計測が難しいものが多く（今回挙げた作業効率の向上は比較的計測しやすいが，創造性の向上など含めると難しい場合が多い），また健康状態そのものについては改善効果が表れるまでに時間がかかることが多いため，オ

15.4 評価

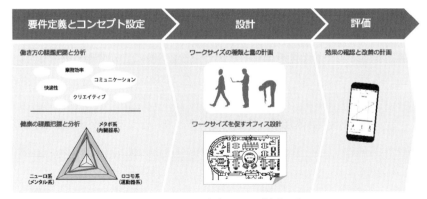

図 15.8 ワークサイズプランニング全体の流れ

フィス改善の効果を把握するときには，中間指標となる行動の量を計測したり，主観評価を用いたりすることが多い．ワークサイズプランニングでは，適切な運用をサポートしつつ，評価に活用する情報を手軽に収集できるように，スマートフォンと位置情報を発信する機器を併用して，ワークサイズの種類を記録するシステムを提供している．位置情報を発信するビーコンなどの機器が組み込まれたオフィスで，特定の場所に紐づく特定のワークサイズを自動的に記録するアプリケーションをインストールしたスマートフォンを持って働くだけで，座位と立位の違いや，オフィスの改修前後で特定のワークサイズの量に変化があったのか，目標として設定した量の行動が起こったのか，といった情報を記録することができる．ワーカー個人はこのアプリケーションで日々の自分の働き方を確認しながら（つまり目標としている歩数や立位作業ができているかを確かめ）適宜修正して働くことで，自分の健康と生産性を向上するように意識しながら行動することができる．この情報を職場全体で集約すると，意図したような行動が実際に起こっているのか，改善すべき点がないか，といったことがわかる．要件定義から評価までの一連の流れを**図 15.8** に示す．

近年のオフィス設計では，求められる機能やニーズが多様化・複雑化しているため，運用も含めた総合的な設計が不可欠となっている．ワークサイズプランニングは，健康と生産性の両面に関わる行動に着目し，行動の種類と量の設計（ソフト設計）に基づいて空間設計（ハード設計）を行う点が従来

とは異なる点となっている．言い換えれば，顧客（この場合オフィスワーカー）がそのオフィスにおいてどのような行動と体験をするのか，に着目した顧客視点でのオフィス設計サービスであるということができると考えている．

［八木佳子，株式会社イトーキ　ソリューション開発本部］

# 16章 膀胱内尿量測定機器のサービスデザイン（リリアム大塚）
─製品の価値を高める顧客視点とサービス─

## 16.1 製品の概要

　大塚ホールディングスの傘下にある株式会社リリアム大塚（本社・神奈川県相模原市）では，超音波を用いて非侵襲的に膀胱内の尿量を測定可能にするユニークな医療機器を開発している[1]．

図 16.1　製品本体

　通常，膀胱内の尿量を測定する場合，検査室において医師または検査技師が超音波画像診断装置（エコー）により膀胱内の大きさを計測した上で，計算式を用いて尿量を推定するのが一般的となっている．しかし，この製品は医療機器として医師の指導の下で看護師が使うが，院内に限らず，在宅など場所や測定者を選ばず，比較的簡単に膀胱内尿量を測定できる機器である．

---

[1] 膀胱用超音波画像診断装置「リリアム α-200」（医療機器認証番号　27ADBZX00146000）．サイズ：H120 × W68 × D27 mm．重さ：150g．電源：単3乾電池2本．用途・概要：尿道留置バルーンカテーテルなどを使用した場合に，その抜去後の適切なトイレ誘導と尿量モニタリング，膀胱機能評価等を医師の指導の下で非侵襲的に測定を行うことが可能．

## 16.2 開発コンセプトの立案

本機器は1987年頃,国の研究機関であった旧通商産業省工業技術院(現・国立研究開発法人産業技術総合研究所)の開発プロジェクトの1つとして研究がスタートし,民間企業との共同開発が進められた.当時,将来の超高齢化社会を見据えて,「尿意を喪失した高齢者」が増えた場合に検査技師や泌尿器科医師の絶対数が足りなくなると予想され,その人々への対応のため,新しい「尿意の代替装置」の開発が急務であると考えられていた.

同じ頃,米国においても,同様のコンセプトで膀胱内の尿量を測定する技術開発が進められていた.NASA(アメリカ航空宇宙)のラングレー研究所や,アメリカ知的・発達障害協会など複数の研究所が中心となり,超音波エコーの小型化技術を応用した開発を推進した.それを民間企業に転用し,1989年頃に実用化が進められた[2].結果的には,尿意の代替としてではなく,小型の膀胱用超音波画像診断装置として実用化に至った.

## 16.3 開発の経緯と課題の克服

安全性が確立している超音波を用いることが製品開発の方向性であった.通常,膀胱を含めた画像診断にはBモード方式が用いられるが,この方式は超音波の出す信号を輝度(きど)の違いにより,点の集まりとして形状を表現するため,多くの振動子を必要とし,結果,コスト高になるという課題があった.

製品設計上の制約条件として,①技師,医師だけではなく看護師などが使える技術であること,②将来的に安価な製品にすること,③在宅等の院外でも使えるような製品開発を可能にすることがあった.

このため,Bモード法で開発を進めた場合,将来の低価格化と携帯性が実現できないと懸念された.その解決策として,Aモード方式[3]の超音波を用

---

[2] http://ntrs.nasa.gov/archive/nasa/casi.ntrs.nasa.gov/20020080856.pdf (NASA Spinoff Database Record 1993).

[3] Aモード方式:輝度でなく,波形でデータを表現して物質の長さを測定することができる超音波エコーの方式の1つ.

いることで，少ない振動子を用いて膀胱内尿量を検出することができる可能性に辿り着いた．さらに，これを連続的に測定することで，膀胱内尿量から「尿意を代替できる」ことを見出し，研究開発を重ねてそのコンセプトの実証に成功した．これにより，センサーは体表面に留置しやすい形状を採用した．

## 16.4 顧客視点からのビジネスの再定義

　過去の開発製品を元に，ユーザからの聞き取りと観察を行い，顧客が製品を操作する際のタスクを洗い出したところ，①センサーを留置する位置決めの難しさ，②残尿測定の方法の2つに改良の余地があることがわかった．

　①の「位置決め」については，看護師がセンサーを体表に留置する際に生ずる障壁であった．膀胱の位置を解剖学的には把握しているものの，臓器の位置は視覚的に見えないため，看護師とはいえ，どこが膀胱の位置であるか自信が持てない．さらに，「3回測定し最も高い値を採用」することになっていた測定方法がハードルとなっていた．表示された尿量の数値がばらつく場合など，その数値に対し確信を持てずにいたという．

　これについては，センサーが尿量の存在場所を魚群探知機のように探り出す機能を新たに組込むことで課題を解決した．リアルタイムに尿量の最も多い箇所を検出するため，測定者は正確に膀胱の位置を検出することができるようになった（**図 16.2**）．これにより，3回行っていた測定が1回で済むようになり，測定にかかる時間が大幅に減少し，高い顧客満足度を実現した（**図 16.3**）[4]．

　②については，臨床現場では開発コンセプトである「尿意を知る」ことより「蓄尿量を知る」目的で使われ，診療報酬が付いている残尿測定[5]に使われる事が多いことに由来した．

　元々，尿意の代替として利用することを想定して，膀胱上部に本製品をテープで貼り付けるようにセンサーは設計されていた．そのため，センサーに超音波ジェルを付けて残尿測定を行うには，従来の超音波エコーの手技と

---

[4] 一次評価結果報告書（2014年6月・ユリケア社内資料）．
[5] 排尿後に膀胱内に残っている尿量を測定することで，膀胱の機能を把握することができる診療行為．

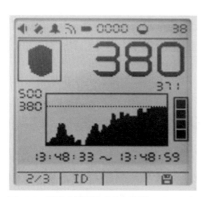

図 16.2　膀胱の位置決めを行う際，リアルタイムに膀胱内尿量を検出するため，正確な位置が把握できるように改良された

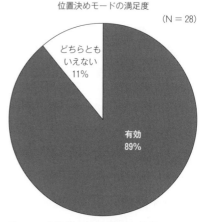

図 16.3　位置決めモード機能を搭載した試作機を用いた看護師 28 名に対する評価結果[4]

は異なることから，必ずしも使い勝手がよくないという課題があった（**図 16.4**）．

そこで，新たな製品開発を行う際に考案されたのが，本体に装着する「アダプタ」と「クリップ」と呼ばれるアクセサリ製品である．アクセサリ製品は，医療機器の関連法規上の制約を受けず，メーカーが提供することができる製品ラインアップであり，これらツールの提供により，課題の解決を図った．

アダプタとは，本体側面に装着することができ，片手で操作することを可能にしたアクセサリである．片手で手軽に操作ができることから，実際に使用している看護師の間での評価が高く，残尿測定時の手間が大幅に軽減された（**図 16.5**）．またクリップは，医者や技師がエコーを行う際に行うプローブの操作をヒントに，エコーの操作に慣れたユーザに対して，より容易な操作となるよう設計を考案した（**図 16.6**）．

このように，すでに臨床現場で行われている使い方に着目することで，製品のサービス価値を高め，市場への浸透を加速させるだけでなく，将来の新しい市場開拓に繋がることが期待される．

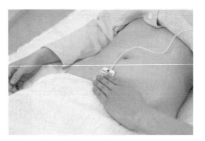

図 16.4 アクセサリを使わない場合

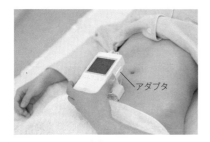

図 16.5 アダプタを使用した場合

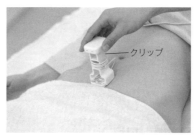

図 16.6 クリップを使用した場合

## 16.5 まとめとサービスの視点

　本事例は，医療機器という法律上の制約がある中で，ユーザへの聞き取りと観察を続ける中，臨床現場で主体的に使われていた残尿測定の操作にファインチューンすることにより，ユーザの使い勝手を改善し，顧客に対するサービス価値を高めることに成功した一例であると言える．

　提供するサービスは，製品を時間軸上で快適に使ってもらうために，購入時に必要なアクセサリ類は，最初から本体にセットで無償提供することにより，その価値がユーザに伝わるようにしている．新たに開発した超音波ジェルは，気泡が入らない加工を行い，測定しやすいよう固めの粘性を採用し，また，現場ニーズに合わせた少量のチューブを開発して，メーカとして医療機器本体の性能を発揮するためのサービスを提供している．このように，本体購入後も測定に最適化された消耗品を継続的に販売するサービスシステムとして，顧客満足度の向上に寄与するように努めている．

[白﨑　功，株式会社リリアム大塚　代表取締役社長]

# 17章 輸送計画ICTソリューション SaaS TrueLine®（東芝）
―顧客の経験価値に着目し，価値の最大化を目指したサービスの提供―

## 17.1 東芝におけるサービスデザインのアプローチ

　当社のサービスデザインの実践においては，人々の経験価値（ユーザエクスペリエンス：UX）に着目し，価値の最大化を目指している．そのために，UXデザインの基本理念として定義された「うれしさの循環」と，体系化された方法論である「東芝デザイン手法」を用いる．

### 1 うれしさの循環

　「うれしさの循環」は，ステークホルダ間でうれしさが波及し，循環することをモデル化した当社のデザイン理念である（**図17.1**）．人々のうれしい価値を当社が提案し，その価値がコミュニティや社会にとっても役に立つものにすることで，結果として人々の生活が豊かになるという好循環を創り上げることをビジョンとして示したものである．

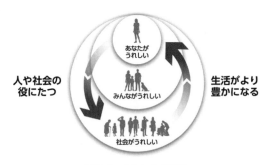

図17.1　うれしさの循環

## 2 東芝デザイン手法

顧客が製品やサービスから享受する価値を最大にするため，当社が実践してきたデザインの方法論を，より幅広い分野で効果的に活用できるよう，実践知として体系化したものが「東芝デザイン手法」である（**図 17.2**）．図17.2 の5段階のプロセスごとに活動概要を以下に示す．

①社会と未来を考える：社会の変化と未来の洞察を踏まえ，目指すべき方向性やビジョンを定める．

②いまの姿を探る：顧客（サービス利用者や組織）の現状を理解して共感し，ニーズや本質的な課題を抽出する．

③あらたな姿を描く：顧客の生活や仕事の質を向上させる新たな価値と，そのコンセプトを描く．

④あるべき姿を創る：顧客を取り巻く人，時間，環境にまであらためて視野を広げ，顧客が享受する価値が最大となるよう，顧客と製品やサービスとの関わりを創る．

⑤実現し進化させ続ける：製品やサービスを実現させ，普及させた後も，顧客や環境，時代の変化に合わせて進化させる．

**図 17.2　東芝デザイン手法　プロセス概要**

## 17.2　サービスデザインの実践事例―クラウド型輸送計画システム

東芝と東芝ソリューションが共同開発した，鉄道などの輸送・物流事業者向けクラウド型輸送計画システム"輸送計画 ICT ソリューション SaaS TrueLine®"の開発について紹介する．

# 17章 輸送計画 ICT ソリューション SaaS TrueLine® (東芝)

## 1 背景

　鉄道業界における輸送計画とは，事業者として円滑な営業運転を行うことと，顧客である旅客のニーズを満たす輸送サービスを行うことを目的とした，車両や乗務員の計画を指す．輸送計画は，絡み合う車両や人を勘案しなければならず，非常に複雑な作業であるため，あらゆるものでシステム化が進んでいる現在でも，いまだに紙の上に手書きで図表化する作業が残っている．

　手間と時間が非常に掛かるこの輸送計画業務を，コンピューティングによって効率化するのが輸送計画システムである．従来の輸送計画システムは，事業者の持つ独自のノウハウを機能に反映するため，受注のつど個別に開発を行い，専用サーバなどの機器と一体的に導入して運用する方法を採用していた．しかし，初期費用に加え，導入後のサーバメンテナンスや OS 更新など，運用に関わる費用が高額となるため，十分な費用対効果が見込める一部の大手事業者への納入に留まっていた．そのため，一度に高額な予算の確保が難しい事業者では，汎用の表計算ソフトを使うなどの効率化を図りながらも，その計算結果を基に手書き作業によって図表に描き起こしていた．

　以上の理由から，輸送計画業務の効率化は中小規模の鉄道事業者にとって未達成の経営課題の 1 つであり，望まれる安価な輸送計画システムの実現に向けて，クラウド（クラウド・コンピューティング）型輸送計画システムの開発を着手することとなった．クラウド型とは，インターネットなどのネットワークに接続されたコンピュータ（サーバ）を，利用者がネットワーク経由で手元のパソコンを用いて利用可能にするサービス形態を意味する．

## 2 社会と未来を考える：ビジョンの設定

　本サービスのターゲットとなる顧客企業を中小規模の鉄道事業者と定義し，当社の UX デザイン理念である「うれしさの循環」を用いてプロジェクトのビジョンを検討した．17.1 節で概説した「うれしさの循環」は，中心に据える一次的な対象を顧客企業とすることで，B to B 事業でのサービスデザインのビジョンを考えることができる．ここでは，「業務実施者の業務効率の改善によって，顧客企業の経営課題の達成に貢献し，その波及効果で社

会の発展に寄与する」という循環を元に,「輸送計画業務の改善により質の高い輸送サービスを実現し,旅客のニーズを充足することで,社会の最適化に寄与する」という循環を生み出すことをビジョンとして設定した.

## ❸ いまの姿を探る:顧客企業の現状理解と本質的な課題の抽出

対象業務の現状を理解するため,顧客企業からの要求や,業務にまつわるエピソードを収集,整理した.これにより,具体的な業務実施者像や,システムの使い勝手に対する業務実施者のニーズを明らかにし,その裏側に隠された業務に対する価値観や潜在的な課題を抽出した.

対象業務の実施者は,輸送計画業務の専門職だけではなく,他業務と兼務するケースが多いことから,容易にシステムの構造を理解でき,業務を修得できることが求められているとわかった.そこで,提供すべき価値を「修得や操作に手間がかからず,本来なすべき旅客サービスの質を向上できること」と設定した.また,対象業務の実施者が愛着を持って鉄道業務に携わっていることを理解し,これを後々にGUIデザインの表現やインタラクションに対する基本的な考え方へとつなげた.

## ❹ あらたな姿を描く:コンセプト策定から機能とGUIへの展開

提供すべき価値を元に,コンセプトを「専門知識がなくとも複雑な輸送計画を理解でき,手に取るように計画できること」と立案し,ペルソナを設定の上,使用シーンを想い描きながら,より具体的な機能仕様を策定した(**図 17.3**).

このコンセプトを満たすためには,直感的な理解を促し,単純な操作で素早く作業ができるインタフェースが必要だと考えた.よって従来の手書きによる作成方法を踏襲しながらも,冗長で無駄な作業を徹底的に排除し,短時間に輸送計画を策定できるサービスとなるよう設計を進めた.

## ❺ あるべき姿を創る:利用者の誇りや愛着への配慮

業務実施者のニーズに応える,サービスとしての高い品質を実現するために,彼らの「業務に対する愛着」に着眼して,従来用いられてきたダイヤグラムなどのツールや見慣れたシンボルを応用してGUIをデザインした.

## 17章　輸送計画 ICT ソリューション SaaS TrueLine® （東芝）

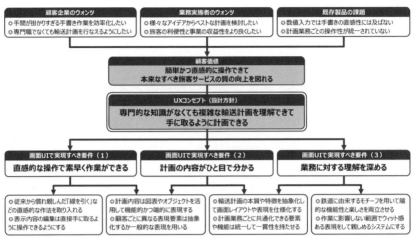

図 17.3　コンセプトツリー

例えば，ダイヤグラム作成業務において，従来システムでは数値を入力してグラフ化していたが，定規を使ったダイヤグラムの作図をモチーフに，「線を引く」という動作による入力方法を取り入れ，直感的な操作を実現した（**図 17.4**）．また運用スケジュール作成では，切符の切り欠きを連想させる凹凸を，パズルのようにつなぎ合わせる操作によって，親しみのある

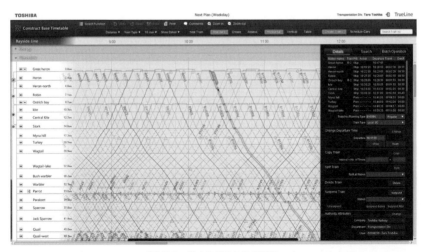

図 17.4　ダイヤグラム作成画面

GUI とすることで効率的な運用を計画できるようにした（**図 17.5**）．

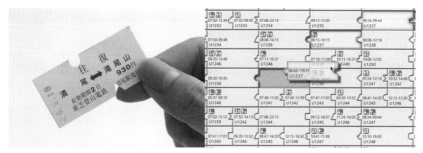

図 17.5　モチーフである切符の切り欠きと運用スケジュール作成画面

　これらのアイディアは，プロトタイピングを行いながら関係者間で評価と修正のサイクルを繰り返すことで，あるべき姿へと近付けていった（**図 17.6**）．

図 17.6　プロトタイピングの様子

## 6 実現し進化させ続ける：顧客企業への提供とフィードバック

　安価に業務効率が改善できる投資対効果の高さや，業務実施者のニーズに応える機能や GUI デザインの魅力は，鉄道事業以外の事業者にも口コミで広がっていった．

　サービス公開後は，本サービスを導入した顧客企業からの改善要求や機能

追加の要望を収集している．これらを随時反映し，アップデートを重ねることで，顧客企業とともに成長するサービスとして期待されている．さらに，鉄道業界の枠を超えて，航空や貨物輸送などの輸送業界全般の事業者や，大学などの教育機関からも注目を浴びている．

## 17.3 まとめ

当社におけるサービスデザインは，うれしさの循環に常に立ち返りながら，顧客の価値の最大化を目指して実施している．また，実践で得た経験やノウハウを東芝デザイン手法の改良や進化に活かしている．

## 参考文献

[1] 池本，他：東芝におけるUXデザインの取組み；東芝レビューVol. 69, No. 10, 2014.
[2] 土肥，他：クラウド型輸送計画システムの開発におけるUXデザインの取組み；東芝レビューVol. 69, No. 10, 2014.

[加藤善裕，株式会社東芝　デザインセンター　デザイン第一部]

## アメリカのサービスデザイン(2)
### —ミレニアルズの気持ちにあった貯蓄アプリ—

現在，アメリカの経済の中心を占めるようになってきたミレニアルズ（2016年現在，19歳から35歳くらいの世代）．彼等の消費行動についていろいろとリサーチがされていますが，他のジェネレーションよりも貯蓄をする気持ちが強いといわれています．

**【ミレニアルズは資産作りもアプリを活用？】**

ミレニアルズの貯蓄の方法は，メガバンクに貯金をする，というような昔からある方法とは違う方法を取り始めているようです．—それは，やはりアプリでした．ミレニアルズの気持ちにあった資産作り・貯蓄方法として，アプリを使ったサービスが沢山出てきていますが，そのいくつかをご紹介します．

Column　アメリカのサービスデザイン(2)

図1　Acorns[1]

図2　Betterment[2]

Acorns：クレジットカードやデビットカードを使うたびに端数がAcornsアカウントに貯蓄され，貯蓄されたお金は投資される（例えば9.95ドルをお店で使ったら，10ドル使った事として，5セントがAcornsアカウントに移動）．Bank of AmericaのKeep the Changeと類似していますが，このサービスは端数を投資するところがキーではないでしょうか．

Betterment：年齢と収入を画面に入力，提示された5つの典型的な貯蓄（投資）ゴールから自分の目指すものに近いものを選び，そのゴールに向かって小さい金額から貯蓄（投資）する．

digit：このサービスと自分の銀行口座とをリンクさせることで，アルゴリズムが収支をチェックしてその結果に応じて少額をdigitアカウントに移行し，その金額を貯蓄（投資）する．

Stash：5ドルという少額から多くの投資信託に投資できる．かなり堅いところに投資をするためリスクが少ない．

図3　digit[3]

図4　Stash[4]

**【昨今のミレニアルズ向け貯蓄アプリの共通点】**
(1)アプリを使って簡単セットアップ
　どのサービスもアプリを使っていて，スマートフォン，タブレット，スマートウォッチからのアクセスが可能であるのと，セットアップが簡単であるところが大きな特徴です．また，大切なのは無理のない金額，つまり少額

から始められる貯蓄（投資）ばかりであること，またサービス料が無料もしくは少額であるのがポイントです．

(2)誰にでも始められる投資

また，どれも従来の貯蓄のようにメガバンクがやっているものではないという事も，ミレニアルズにとっては気が良い事なのかもしれません．ちょっとした旧社会に対しての反抗を感じます．逆にメガバンクのように誰にでもわかる保証・安心は提供できないので，使う方はリスクも考えなければいけませんが，少額であればあまり気にならないのではないでしょうか？また，投資先もかなり堅いところであったり，資産の推移がリアルタイムで視覚的に確認できるところも使う気持にさせてくれる要素なのかもしれません．

アメリカのミレニアルズの多くは，学費のローンを抱えている人が多く，一度に沢山の出費は難しいですが，小さな金額から始められる事と，アプリを使ってリアルタイムに投資状況を確認でき，ちょっとしたゲーム感覚（gamification）で始められることがサービスの普及を促進させるのではないでしょうか？

このように，経済のメインプレーヤーが代替わりをしようとしている今，ミレニアルズの気持ちにあった，スマートフォンというデバイスを使って，Gamificationを活かした心地の良い使用感，そしてただ貯蓄するだけでなく，投資という機会を与えることによって希望というエッセンスを加えたサービスがメジャーになっていくのは納得のいくところではないでしょうか？

[森原悦子，Interface in Design, Inc. / InterfaceASIA president, USA]

注記）本コラムはU-Site（http://u-site.jp/global/）で執筆中のコラム（http://u-site.jp/280）より一部抜粋，改訂しております．

---

1　https://www.acorns.com/（2016/04/26 参照）
2　https://www.betterment.com/（2016/04/26 参照）
3　https://digit.co/（2016/04/26 参照）
4　https://www.stashinvest.com/（2016/04/26 参照）

# 18章 体験を重視した短期間で取り組むサービスデザイン（富士通デザイン）
―機能単位で考える職種の垣根を越えたチーム連携―

## 18.1 多様なメンバーによるサービスデザインの取り組み

　富士通では，顧客との共創アプローチを通した新規事業創出やサービス創出といったイノベーション活動が増えている．これら様々な取り組みの中で本章では，サービス創出プロセスの事例をご紹介する．特徴は具体的なサービス内容についてUXを中心に考えながら，多様な職種のメンバーによって，アイディアの創出からプロトタイピング，ユーザ評価までを短期間で実施することにある．

　イノベーション活動領域では，システムエンジニア，デザイナー，プランナー，マーケター，研究員，コンサルタントなど多様なメンバーが集まり，互いの専門領域を超えた連携，取り組みを実施している．これは，各メンバーのコアな得意領域を持ちつつ，多角的な視点をもって対象に取り組むことで，多くの気づき，視点を共有することが可能となる．

　ここでは，東北地方の復興支援として，東北地方への交流人口を増やしていくことを目的に，東北地方の観光資源に注目し，特に観光に関する課題解決に向け，ICTを活用した新たなサービスを作り上げることを目的にした実践プロセスを紹介する．

　本事例におけるプロセスは，大きく分けて以下の5つのステップからなる．

① ゴールの共有（チーミング）
② 仮説・推察
③ フィールドワークによる仮説検証
④ サービス検証
⑤ プロトタイピングとユーザ評価

## 18.2 ゴールの共有―短期間のプロジェクト推進に向けて―

多様なメンバーの集まりによるプロジェクト推進においては，メンバー間の意識の共有，目指す方向の意識合わせが必要になる．

サービスアイディアやユーザ像，取り組むべき課題に対して互いが共感をもって進めていくことが大切となる．特に短期間でサービスデザインを実施していくためにはこの共感が非常に大切になり，個々のモチベーションを高め，意思決定のスピードを加速させることなる．

サービスを通してユーザへ届けたい体験は何か，サービスが果たす社会的な役割は何か，このプロジェクトを通して自身が果たしたいことは何か，ビジネスとして自社の狙いは何か．取り組むこれらの観点をメンバー全員で共有し互いの認識を理解しあい，取り組むべき方向性を見定めていく（**表18.1**，**図18.1**）．

表 18.1　共有する 3 つのゴール

| | |
|---|---|
| サービスゴール | メインとなる達成すべき目標（ビジネス視点，ソーシャル視点） |
| エクスペリエンスゴール | ユーザに提供したい体験．なって欲しい状態，気持ち |
| セルフゴール | 各メンバーが挑戦したいこと，習得したいこと |

図 18.1　ゴールの共有

ゴール共有のプロセスはチーム内の相互理解，共感を生むだけでなく，プロジェクトメンバーの意識を俯瞰して捉えることになるため，意識の偏り，漏れなどを顕在化する効果もある．

今回のプロジェクトではサービスの果たす社会的な役割や，プロジェクトを通して自分が果たしたい，挑戦したいことには多くの共通項，共感が生まれたが，ユーザに届けたい体験，価値については対象が曖昧であったり，明確に意識できていないことが顕在化した．ここから，実際のユーザへの意識が足りていないと判断できる．この結果を受け，以降の取り組みの中でユーザへの共感を生んでいく取り組みにしっかりと意識を向けて実施していくことが可能となった．

## 18.3 仮説と推察―対象への理解と共感―

テーマに対する理解を深め，共通の認識を持って取り組むことを目的に，まずはサービスアイディアの創出に向けて，対象業界の動向，課題に対して理解を深めるための事前調査を行った．対象となる地域の観光資源において，先駆けて対象の課題解決に取り組んでいるイベント企画会社の方や東北地方復興に取り組む協議会の方などの意見を聞くことを実施した（**図18.2**）．

図 18.2　対象への理解とアイデア創出のためのワークショップ

メンバー各自が得た多くの気づきを共有し，東北地方への交流人口増加に向けて地域や観光資源に対する理解を深め，観光資源を活用した新しい観光サービスについて情報を類推し，対象の状況，求められるニーズなどを問題定義し，各自が定義した問題に対するサービスアイディアを出し合った．

出てきた多くのアイディアを整理し，それぞれのアイディアに潜む提供価

値，ターゲットユーザを整理することで，仮説の段階ではあるが，メンバーが共通して捉えている課題，対象ユーザや本サービスで実現したいことが抽出された（**図 18.3**）．

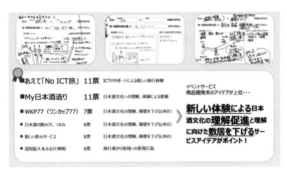

図 18.3 アイデアを整理し，価値や共通意識を抽出

このプロジェクトでは，ICT によるサービスアイディアだけではなく，体験を重視したイベント企画，商品開発など多くのアイディアが生み出された．これらアイディアを通してメンバーが提供したい，実現したいサービスの想いにフォーカスしていくと，「観光資源への理解促進・興味喚起による交流人口の増加」させたい，そのために「ICT 活用やイベントなどを通し，観光資源の理解と興味喚起を促していく」ことが多くのアイディアの共通点となっていることが明確となった．

これら仮説を基に，フィールドワークの実施に向けて対象フィールドの選定を行った．選定基準は共通的に導き出された仮説内容に加え，生み出されたアイディアの中からメンバーが「これは欲しい！」「絶対作りたい！」と思うアイディアを優先的に抽出し，フィールドワーク先の選定を実施した．

## 18.4 フィールドワークによる仮説検証─「体験」と「観察」のバランス─

実施したフィールドワークの注意点として，フィールドワークの目的が「仮説の答え合わせ」にならないよう意識することにあった．「答え合わせ」の意識では対象を捉える視野が広がらず，新しい発見や気づき，共感を得ることができなくなってしまうからである．そこで，フラットな視点でフィー

ルドワークが実施できるよう,「体験」することを一番に意識することと捉え,まずは自らが旅行者となり,対象となる地域,観光資源を体験してもらうこととした(**図18.4**).フィールドワーク終了後にメンバーが集まり,一日の振り返りを共有し合うことで「観察」の視点で情報の整理を実施した.

図18.4　フィールドワークを実施

フィールドワークでは,自分たちが初期検討段階で意識の足りていなかった対象ユーザへ提供したい体験,なって欲しい気持ちなどについて多くの気づき,実感を得ることができた.そのことで,当初は「観光資源への理解促進・興味喚起による交流人口の増加」を仮説としていたが,それだけでは交流人口の増加にはつながらず,「いかに東北地方の魅力に触れてもらうか,東北地方の旅を楽しくすることに貢献できるか」がサービスのポイントになることを共通の認識として持つことができた.「仮説と推察」ではコンテンツとなる観光資源に意識を向けるあまり,「交流人口の増加」という課題とアイディアのつながりが弱くなっていたことを認識することができた.

　旅をすることで実感する東北地方の多くの魅力を,どうすれば旅の前に知ってもらえるか? 知ることで様々なアクションが取れるのではないか? そのための,知ってもらうきっかけづくりとして観光資源を活用していく.こうして,メンバーのサービスを通して提供したい価値が明確になった.

## 18.5　サービス検証―アイディアの洗練とコンセプト定義,実現に向けた検証―

　フィールドワーク実施後は,あらためてこれまで出てきたサービスアイ

ディアに対し,「加える」「減らす」「掛け合わせる」の3つの観点でブラッシュアップを実施した．カスタマージャーニーマップを描き，理想的なユーザ体験を描きながら，実現したいサービスのコンセプトを定義した（図18.5）．

図18.5 実現に向けた設計とアイディアの洗練させていく

本プロジェクトではサービスコンセプトを東北圏外にいる人に対し，「知らなかった東北の多くの魅力に触れる．東北探訪へのきっかけづくり」と定め，コンセプトを軸にいくつかのアイディアを洗練させていった．

併せて，サービスアイディアを実現するために必要な実施体制，必要なデータの取得方法，バックオフィス（事務局）の役割など，サービス全体をデザインするとともに，ビジネスの観点からサービス主体者，外部連携組織を洗い出し，自社の位置付けを明確に定義することで本サービス実現に向けた全体像を整理した．

この取り組みによりいくつかのサービスアイディアでは洗練され，実現性の高さとメンバーの「実現したい」という思い，自社ビジネス展開として戦略的に取り組むべきアイディアを1つ選定し，プロトタイピングを実施した．

## 18.6 プロトタイピング―目的に合わせたプロトタイピング―

カスタマージャーニーマップやストーリーボードなど，ユーザ体験の可視化により多くの利用シーンを想定することが可能となり，多くの機能検討が

実施された.本事例は短期間でのサービス展開を目的としていたため,開発ボリュームなどを鑑み,プロトタイピングでは操作性の評価ではなく,サービスコンセプトの評価を目的とし,便利ではあるがコンセプトの対象とならないものは実装を見送るなど,実装機能の優先順位を定め,本サービスの価値検証,コンセプトの評価を目的としたプロトタイピングを実施することとした(**図 18.6**).

プロトタイプをもって想定ターゲットに対して評価を実施した.サービスコンセプトへの共感を得るとともに,実用性の面でいくつかのフィードバックを得ることができた.これにより実証実験に向けて修正すべき点を洗い出し,実証実験に向けた開発へと進んでいった.

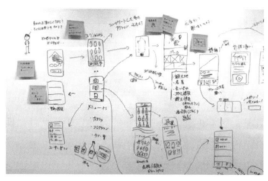

図 18.6 様々な機能検討を実施

## 18.7 最後に

### 1 立場,職制を越えた機能単位での役割分担

本章で取り上げた事例における各プロセスで実施する手法については,特に独自性のあるものではない.一般的なサービスデザインの手法の組み合わせによるものだが,本事例ではプロセスの独自性よりも,短期間で集中的にアイディア創出からプロトタイピングまでを実施し市場に展開していくための工夫に力を入れている.

各自が自分の組織や専門性の役割で分断していた従前のチーム連携では,

目的,意識の断絶,スケジュールの長期化などが発生していた.

最近注目されているリーンスタートアップ,Lean UX に代表されるような,短期間で取り組む新しいサービスの創出プロジェクトを実施していくためには,職種,職制を越えた機能レベルでの役割分担の中で,有機的に取り組んでいくことの必要性が見えてきた(**表 18.2**).

表 18.2　有機的なチーム連携のための 8 つの機能

| | |
|---|---|
| 1. 進行する(人) | 各テーマ,プロセスの目的を理解し,実現に向けた進行を行う |
| 2. 促す(人) | ワークショップや打ち合わせにおいて参加者の発散・発想の誘発,視点のサポートを行う |
| 3. 発散する(人) | テーマに対するアイディアやフィールドワークにおける視点を発散する |
| 4. 発想する(人) | 様々なインプットを基にアイディア,ユーザの体験,ビジョンを発想する |
| 5. 収束する(人) | 発散されたアイディアや視点を整理しまとめ,合意形成する |
| 6. 観察する(人) | 利用環境や実ユーザを定量的,定性的に捉え現場を観察する |
| 7. 設計する(人) | テーマに合わせたプログラムの組み立て,プロトタイプの構成,デザインなどを行う |
| 8. 表現する(人) | アイディアやコンセプトの文章化,文章化されたものの可視化を行う |

この 8 つの機能レベルを意識することで,特定の専門性に関わらず,状況に併せて,各自が役割を意識して取り組むことが可能となる.

これは互いの専門性を活かしながらも,各プロセスで必要とされる機能を互いが意識しながら取り組むことで良いチーム作りが形成され,合意形成,共創関係が加速していく(**図 18.7**).

図 18.7　多様なメンバーによる取り組み

## 2 自身の共感と客観的な視点の繰り返しで考える

　短期間でサービスデザインを実施する上で特に抑えておくポイントは，チーム全員が「これが欲しい！」と感じられるかにある．各自がアイディアに対しワクワクできているか？　自分たちがアイディアに納得していないものは，当たり前だが市場で評価されることはないと思ってよい．この「ワクワクすること」を大事に，フィールドワークや対象ユーザの声を客観的かつ自分事として捉え，現場視点と全体を俯瞰する視点を行ったり来たりしながら，繰り返しサービスアイディアを洗練させていくことにある．

[横田洋輔，富士通デザイン株式会社
サービス＆ソリューションデザイン事業部]

# 19章 脱コモディティのためのサービスデザイン戦略（今治タオル）
## ──ブランドに特化した脱コモディティ戦略──

　愛媛県今治市は明治27年にタオルの生産が始まり，100年以上の歴史をもつ国内最大規模のタオル産地である．今治タオルは，その品質から高い評価を得て，ブランド化に成功している．本章ではそのブランド化戦略を紹介する．

## 19.1　今治タオルの特長

　タオルづくりを支える重金属が少なく硬度成分も低い良質な水と，お遍路さんを接待する人に優しい文化が，今治タオルの発展を支えてきた．今治タオルの特徴は使い心地の良さであり，その詳細は以下の通りである．
　①吸水性の良さが一番の特徴である．
　　タオル片を水に浮かべて，5秒以内に沈むのが今治タオルの品質基準と

図19.1　今治タオル
（写真：四国タオル工業組合 提供）

なっている.

②厳しい安全基準

ホルムアルデヒドの残留濃度にも厳しい基準を設けている.

## 19.2 サービスデザイン戦略

タオルのような,単価が低くコモディティ化した商品の場合,海外からの安い輸入品に対して,どのようなサービスデザイン戦略を持つべきなのだろうか？ 1章で紹介したが,ハード,ソフト面が単純の場合,その戦略として,製品のシステム化,リフレーム,再定義を行うことにより,新しい意味付けをすることが重要であると述べた.今治タオルではUX,ストーリー,および意味付けによりブランド化を行なっている.今治タオルの人間（顧客）に係る要素は以下の通りである.

①吸水性の良さなど,品質の高いタオル（ハード：モノ）

②四国タオル工業組合による独自の品質認定基準（ソフト：コト）

今治タオルブランドの認定を実施している.

この2要素は新しいUX・ストーリー・意味性（タオルを楽しむライフスタイル）を媒介として統合化され,ブランドを構築している.そして,このブランド価値を顧客に提供しているという構図である（**図19.2**）.この2項目は,ブランディングの主要素である「安心・安全・高品質」に繋がってい

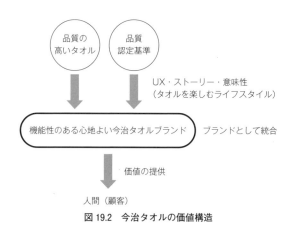

図19.2 今治タオルの価値構造

る．タオルソムリエ資格はこのブランド価値を支える仕組みである．この資格は，タオルに関する歴史，文化，技術，製品，顧客サービス，ブランドなどのタオルの習熟度を認定する制度である．この制度はタオルに対する人々の関心度を高め，プロフェッショナルな人材を育成し，タオルの魅力を全国に発信させることを意図している．

## 19.3　今治タオルブランドを支える認定システム

今治タオルのブランドを支えているのが，今治タオルブランドの認定システムである．この認定システムにより品質が保証される．

『今治タオル・ブランドマニュアル 2013』[1]によると，
「今治タオルブランド商品は
　①四国タオル工業組合（以下「本組合」という）の組合員企業が製造し，
　②今治産地（今治市，松山市，および西条市）で製織及び染色加工し，
　③日本国内において縫製・加工したタオル製品であり，
　④本組合が独自に定める品質基準（「imabari towel」品質基準）に基づく品質検査に合格した，
ことを条件に，本組合が発行した，「今治タオルブランド商品認定証」（以下「認定書」という）を取得したタオル商品をいう．」
と定義されている．

この定義を受けて，今治タオルブランド商品の認定を受けるには，①認定

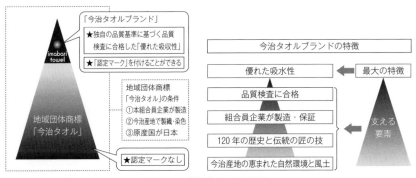

**図 19.3　今治ブランドの特徴**
（出典：今治タオル・ブランドマニュアル 2013, 第Ⅰ章, p4）

取得のための資格要件，②認定取得のプロセスが定まっている（**図19.3**）．

このような今治タオルブランドの認定システムにより，オリジナリティが保証され，模倣品を排除できるメリットがあると言える．

## 19.4　まとめ

100年以上の歴史を持つ今治タオルは，海外の安いタオルに対抗すべく高品質に特化したブランド戦略を取った．肌触りの良さは新しいUXを生起させ，意味性へとつなげ，ストーリーを構築することにより，ブランド化に成功したと言える．このアルゴリズムを導き出すのがサービスデザインである．

サービス戦略としてネットワーク化は欠かせないが，今治タオルの場合，商品の販売ネットワーク化だけでなく，タオルソムリエ資格という人間間のネットワーク化がなされ，効果的に機能していると考えられる．つまり，商品の品質に特化して，ブランド化する一方，商品販売と人脈によりブランド化を支えていると考えられる．1つの訴求ポイントに特化して，ブランド化してゆくのは重要な視点である．訴求ポイントを絞りこまないと，焦点がぼけてしまい，ブランド化が困難となる場合が多い．今治タオルの成功事例は，今後，脱コモディティ化してゆくための1つのベクトルを我々に教えている．

## 参考文献

[1] 四国タオル工業組合：今治タオル・ブランドマニュアル，2013．
[2] 佐藤可士和，四国タオル工業組合：今治タオル 奇跡の復活 起死回生のブランド戦略，朝日新聞出版，2014．

[山岡俊樹]

## 組織固有の真価に基づくさりげないお節介を

　ある日，東京・丸ビル内を歩いていると，綺麗に着飾った婦人たち15名程度が集合写真を撮ろうとしている場面に遭遇した．私は婦人の一人から集合写真の撮影を依頼され，快く応じることにした．この集まりは20年ぶりの同窓会だそうで，その記念に全員で写真を撮りたいとのことだった．

　当時私はカメラを製造しているメーカーのデザイン部門において，カメラや写真に対するユーザ経験に関する仕事をしており，その一環として，カメラや写真に関する数多くのユーザ調査を企画・実施してきた．これらの調査を通じ，一般的なユーザからプロカメラマンに至る，多くの人々が撮影した膨大な写真に触れ，一枚一枚の写真に込められた想いや，カメラや写真に求められる本質的な要求について思慮を巡らせてきた．それ故，撮影を依頼した婦人の気持ちや，これから撮影する集合写真に関する経験──撮影後の婦人たちの反応，SNSへの投稿やその後のコミュニケーションなど──，そしてこの写真が婦人たちの今後の人生において一時の彩りを与える結節点になることがありありと想像できた．この撮影の意義，そして責任の重大さを悟った私は並々ならぬ覚悟で撮影に臨んだのであった．

　婦人から手渡されたカメラはコンパクトカメラの下位機種で，あまり機能が搭載されていないものであった．経験上，下位機種のカメラを購入するユーザは，（表向きに）写真の質にそれほど高いものを求めない．案の定，起動してみると設定はデフォルトのままであった．このままシャッターを押すとオート設定のフラッシュが作動することが予想され，その結果，赤目や目つむりなどのいわゆる「失敗写真」になることが予測される．また婦人たちはプロのモデルではないため，他人の私に向かって自然な笑顔を送れるわけもない．まして公共の空間であるため，人通りもあることからやはり緊張してしまっている．さらに背の高い婦人の後ろに立っている婦人の顔がよく見えないなど構図上の問題もあった．

　私はややお節介かなと思いつつも，カメラメーカーに勤務する者としての責任を果たすべく，良い集合写真になるよう指示を出すことにした．まず構図がまずい．身長と立ち居地を考慮し，前後左右の入れ替えを指示し「体を傾けるとますます美しく見えますよ」と声をかけ場を和ませた．その間，撮影環境を分析し，最低限の設定変更を行った．そして婦人たちの目線を考慮

し，ぶれないよう脇を締め，複数枚撮影した．撮影した写真を確認すると我ながら納得のいく写真を撮ることができた．依頼してきた婦人に見せたところ，とても喜んでいただいた．責任を全うした私は一安心であった．

　仮に私が特別な思慮なしにさっと撮影したとしても，この婦人はきっと満足してくれたに違いない．ただこの集合写真の顛末，そしてこの写真を閲覧する婦人たちの経験を考慮に入れ撮影された写真は，手前味噌ではあるが婦人たちにより質の高い経験を提供したに違いない．こうした行為は単なるお節介であると片付けられるかもしれない．しかしこの「お節介」は，カメラや写真に関するサービスを扱う企業，さらに言えば人の思い出を司る企業にとって果たすべき社会的責任であると同時に，新しいサービスを検討する上で重要なビジネスチャンスと言えないだろうか．今日，様々な情報入手が容易になったとはいえ，人があらゆる場面において，十分な情報を持ち，自制心を働かせ，利得がより大きくなるような最適解を選択することは極めて困難である．だとすれば，サービスを提供する側は，利用者がより健全で豊かな経験ができるよう，組織固有の真価に基づくお節介をさりげなく提示してあげることが，利用者と組織の両方にとって大事なのではないだろうか．複雑化する社会において、サービスを提供する組織は、利用者の潜在的な要求を捉えるだけでなく、自身が果たすべき社会的責任を認識し、その交点に適切なサービスを創出・提供することが求められる。

　このようにして社会的な価値と組織の経済的な価値の両立を目指すことが，今後のサービス開発における重要な観点になっていくだろう．

［小俣貴宣，ソニー株式会社］

# 20章 家族愛ブランドの実現（ライオン）
―衛生予防コンセプトの衣料用洗剤HYGIA(ハイジア)事例―

## 20.1 ユーザ要求の変化

　人口減少や高齢化が問題視される中，2020年までは世帯数が増え続けると予測されている[1]．さらにその世帯構造は，単身世帯＋2人世帯（夫婦のみ）が全世帯の約6割を占め，親子世帯が標準ではなくなっている現在，生活者のライフスタイルが大きく変化している．また，2009年に起こったパンデミック（病気の世界的流行）や，相次ぐ食への不安事故など，日常生活の中での安全・衛生意識が大きく変化し，日常生活を営む上で重要な欲求になってきている．これを表すかのように，ハンドソープ，うがい薬，マスクや空気清浄機などの市場は近年ますます拡大傾向を示している．このように生活環境が著しく変化している中，家庭内における家事行動においては，どのような新しい衛生意識や行動が生まれつつあるのか，その意識・行動の実態は捉えられていないように思われる．そこで実際の生活者の行動観察から，その行動の裏にある深層心理（インサイト）探索を行い，今後の洗濯・掃除や衛生（清潔意識）市場への新規軸の発見と，差別化された新製品開発に着手すべく分析・課題抽出を行った．

## 20.2 ブランドマネジメントの必要性

　実際，モノあまりの時代の顧客の価値判断や購買意思決定は，ニーズを充足できれば良いという単純なものではなく，経験価値となる感覚的価値，情緒的価値や準拠集団への帰属的価値など，その価値観にまで広く顧客の価値基準を捉えなければならない．そんな中で顧客にとって独自の存在であるためには，競合商品と一線を画し，単に不満や使用性のみの差別化された新製品開発ではなく，商品が創りだす時間，触感，空間や思い出（使用場面）までの価値を包含した商品価値をサービスとしてデザインしなければならない．

## 20.2 ブランドマネジメントの必要性

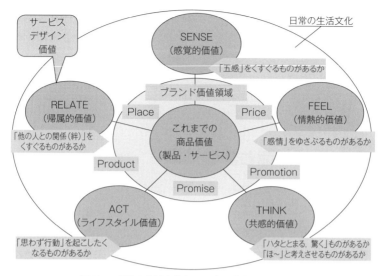

図 20.1 日常の生活文化とサービスデザイン価値領域

つまり，顧客の新鮮な驚きと感動をもって支持される，記号化された消費生活行動と深く関係性を築けるブランドを通して，新しいサービス価値としてデザインしなければならないのである（**図 20.1**）．

ここでいう「記号」とは，言語学から生まれた記号論であり，「シニフィアン」と「シニフィエ」（どちらもフランス語）という2つの要素からなる体系となっている．この体系はソシュールが提唱した文化構造[2]であり，日常生活文化を理解するにはきわめて重要な概念である．日本の言語学者は前者を「能記（意味するもの）」，後者を「所記（意味されるもの）」と訳している[3]．英語では表現（expression），内容（content）であり，マーケティングの商品開発場面では，製品組成・研究技術によって作られ，デザインや色彩によって表現された製品がシニフィアンであり，マーケティング戦略上の商品コンセプトがシニフィエに置き換えられる．

次に「ブランド」とは，顧客の頭の中に存在する無形資産であり，そのブランド価値を最大化させるための具体的な活動である．この場合，ブランドを中心としたマーケティング活動は，結果に結びつくまでの「顧客の購買および消費プロセス」における，意識や認識を高めるためのマネジメントシステムとなる．それを包含する「サービス価値」とは，ある商品を見て手に取

り，消費することによる経験やイメージなどから形成される記号化された日常の生活文化を形成するものと定義できる（図20.1）．このようにサービス価値を生活習慣の中に取り込めれば，日常生活において無くてはならないブランドとなり，顧客との深い絆を形成し，継続した購入意向が約束されるロングブランドとなれるのである．

## 20.3 現状認識と課題抽出

そこで日常生活の清潔を守る上で，最もポピュラーな洗濯用洗剤の市場におけるブランドへのネーミングの思いやプロモーションなどを包含して，新しいサービス価値として位置付けた事例を紹介する．この市場は長い間，粉末から液体，液体から超コンパクト化へと，いわゆる大きな剤型変更によって市場の差別化が捉えられてきた．また一方で，洗浄力といういわゆる基本機能と，付加価値としての香りと柔軟性を訴求したタイプに大きく分けられている．そんな中，これまでとは異なる市場競争軸転換のための新コンセプトの洗濯洗剤開発を契機に，基本機能と付加機能，洗浄力と香り以外に，顧客の潜在意識下のニーズを充足するためのサービス価値の可能性について着目したのが「生活者の衛生意識」である．先行きの見えない時代にこそ，日常の生活にある不安や回避行動へのアプローチが差別化軸のパラダイムチェンジであり，顧客の新鮮な驚きと感動をもって支持されるブランドとしてサービス価値を提供できるのではないかと考えたのである．

## 20.4 観察調査手法と調査方法

### 1 調査目的とその概要

家事行動において，どのような新しい衛生意識や行動が生まれつつあるのかを見出すためには，生活者自身も気づいていないホンネ・無意識を見抜くことで深層心理を探る必要がある．顕在化していない潜在ニーズを探るため，これまでの手法とは視点を変えて調査をした．まず顕在意識だけでなく行動からも深層心理を探るため，行動観察手法を採用した．これまで，新し

い商品の開発には，例えば洗剤であればターゲットとなるような一般的な主婦に洗濯行為を見せてもらうことが通常であった．被験者を選ぶにあたっては，不満や意識を行動として顕在化させる「エクストリーム・ユーザ」と筆者が名付けている生活者を対象とした．彼らの行動頻度を正規分布すると仮定した場合，その「端」に当たる人物像となる．このような生活者を対象にしたのは，今後スタンダードとなるような衛生意識や行動を見出すためには，平均的な生活者ではなく，より先端的意識行動をする，少し極端な行動様式を選択する生活者を調査対象としなければ検出できないと考えたからである．家事行為目的の心理を把握するためには，その前後の行動導線も把握する必要があることから1人につき約8時間，被験者と行動を共にし，普段の行動の再現性を高める工夫をした．つまり洗濯という部分的な観察に留まらず，生活スタイルまるごとを観察することにより，個々の被験者の1つひとつの家事行動に対する意識や心理を細かく抽出できるようにしたのである．

また，あらかじめこうであろうという仮説を持たず，観察を通じて仮説を発見していく手法を採用した．そのため，様々な視点からの分析が思いもよらない発見につながると考え，商品企画部署はもちろん，生活者研究を専門とする部門，さらには洗剤の開発に関わる研究所や営業部も巻き込んでワークショップを行うよう配慮した．したがって，ユーザの要求事項の抽出から構造化コンセプトを構築するに当たって，初期段階から情緒的価値構造（メンタルモデル）を構築し，今まで以上の驚きと共感性の高い製品開発およびプロモーションコンセプトの開発を目指した．

## 2 調査方法および分析ステップ

(1) 各定期調査データを基に標準を決定し，調査対象（エクストリーム・ユーザ）を抽出した．洗濯実態調査，掃除実態調査や身体洗浄ケア実態調査などの定期調査を基に，平均的生活行動者より明らかに多頻度行動者と思われるものをエクストリーム・ユーザとして抽出した．そして，被験者の意識レベルを掃除好き，きれい好き意識の自己評価順位で表記させ，掃除好きで10人中1か2位と回答した人を調査対象として選別した．

(2) その後，被験者との行動同行および行動観察を1人約8時間実施した．適宜，行動背景意識および行動起因動機を聴取した．
(3) その後，モデレーターによるコンセプト構造構築のためのワークショップを実施し，下記のような手順で結果を抽出した．

①ファクト分析・事象を捉える⇒②その背景にある潜在意識（インサイト）を推察する⇒③その心理的不満足（ニーズ）を解消する対応行動⇒④その解決策の本質（メタファー）を見極める⇒⑤これら行動観察から得られた知見をコンセプト開発より有効に活用するために，抽象度の高い「プロポジション（欲求を満たすための概念）」を行動心理の構図の中に取り入れた．

## 20.5 観察調査結果の要約

その結果，以下の5点のプロポジションが検出できた．

**【(1) 今ドキの汗のニオイ完全防臭（周りから嫌われたくない，仲間はずれにされる疎外感，恐怖感からの解放）行為】**

①出勤前4分以上の歯磨時間，スーツも毎週クリーニング，ニキビがすごくてメンズエステに通う．
②「汗くさい」と思われたくないので制汗剤を使う．
③帰属グループから「はじかれる（汗臭い，口臭，ニキビ顔など）」不安感．
④嫌われないための完全身だしなみ（防御），入浴後の自分ケアは欠かせない．

**【(2) 自分ルールの仕上がり追求（自分空間の充実）】**

①香り高い洗剤をわざわざ洗濯機を止めて投入，遅く帰宅しても週に2回は掃除．
②自分の好みでないとストレスが溜まる．
③帰宅して最初にやることはお香を焚くこと，「自分の好きな香り」でホッとする．
④「ホコリや水垢とは同居できない」，自分ルールの拘り仕上げ．

【(3) 家族を菌の運び屋にしない（外から持ち込まれる見えないモノへの不安）】
①夫の服用洗剤を決めている（夫の服には外の分からない汚れが付いているから），子供が外から帰ったら玄関で洋服をすべて着替えさせる．
②かつては家と外がゆるやかにつながっていたものが，「家の内と外」で境界線が明確に引かれるようになって「外は汚い」ものであると意識する．
③外の得体の知れないものから家族を守りたい．
④家族を「菌」の運び屋にしないための防衛意識行為．

【(4) ピュアな水で洗う（科学的なものへの漠然とした不安と純水への信頼）】
①床を懸命に水拭き．「水拭きするとピカピカする」，「重曹水」，「アルカリ水」，農薬まで落としてくれる万能水など．
②詰め込み洗濯しても水に通せば汚れは取れるはず．
③水は穢れているものまで洗い流してなにも残らない．
④ピュアな水チカラは万能信仰．

【(5) 悪性増殖 STOP（勝手に増殖する知らないモノへの不安）】
①汗を吸った服は部屋の中に置かないで，外に移動する．掃除の中心はホコリをとること．
②毎日掃除しているのにどこからかまたホコリが出てくる．汗が付いたらすぐに洗濯する．
③知らない間にニオイに変化することが気持ち悪い．勝手に増えたり，形態が変わったりするのが気持ち悪い．
④増殖する悪性物をストップさせたい．

## 20.6 調査結果からの考察と商品開発対応

### 1 衛生意識の階層化現象

　生活者のインサイトをマズローの欲求5段階に適合させてみると，フィジカル面の生理的・安全欲求段階という狭義の「衛生」部分は満たされており，生活者のニーズは上位の情緒的欲求に広がっている．その潜在意識には

①嫌なヤツ，変な人と思われたくないという社会的欲求における帰属意識に起因する衛生意識，
　②守るべきものは心身の健康と自尊心に起因する予防衛生欲求，
　③理想とする自分らしさ実現のための衛生欲求

へと階層的に拡張していると思われる．特に，きれい好き若年男子にはすでにその傾向が見られ，より高次元のメンタルである社会的欲求や，自我欲求，さらに自己実現欲求にまで昇華した心の衛生ケア行動へと変化してきていると思われる．

## 2 衛生意識の広範囲化（敵はインビジブル）現象

　これまでの日常生活における脅威の原因は見える汚れやホコリであり，予防が可能（例：インフルエンザ予防接種）であった．しかし，パンデミック（SARS，新型インフルエンザなど）以来，予測不能な原因から予防が出来ず不安意識が増幅してきている．狭義の生命を守るための衛生意識がより広範囲化し，無意識のうちに，見えないものにまで対処しようとする意識が顕在化してきているのである．その結果，得体の知れないものから全方位的に自分・家族を守りたいという防衛本能が芽生え，少しでも効果があれば試して安心したいという予防行為にまで発展してきているのではないだろうか．

　これら抽出された衛生欲求コンセプトを，Y軸に階層化概念を取り，X軸に防衛したい対象範囲の広がり概念を取る2軸にマップ化してみると**図20.2**のようになる．このことから，現代の衛生欲求の広がりは，左上の自己実現欲求へ向かう②「自分なり仕上がり追求」から，右下の目に見えない広範囲な物にまで対応する，③「家族を外の菌の運び屋にしない」欲求まで広がり，点線で示されている既存の洗濯洗剤ブランドなどでは満たされない範囲を望んでいることが分かった．

## 3 商品開発とサービスデザイン

　このようなコンセプトに対する企業活動としては，技術的イノベーションによる洗濯洗剤という製品カテゴリを超えた洗剤による商品開発や，マーケティング・イノベーションによる新規ブランド開発などが望まれる．このコンセプト構造マップからアプローチした結果，開発された洗濯洗剤が

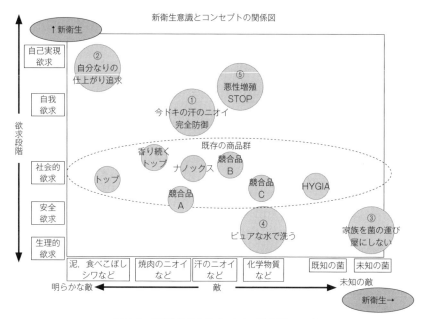

図 20.2　新衛生意識と欲求コンセプト関連マップ

HYGIA（ハイジア）である．この洗剤の新技術は，洗うたびに抗菌力が高まる抗菌力と，洗浄力の超濃縮化技術によるコンパクト化の両立である．

また，マーケティング施策面ではネーミング開発にも拘り，その由来は「Hygiene（衛生）」の語源となったギリシャ神話の「健康と衛生の女神」の名に由来している．さらに，より早いブランドの市場浸透化を目指したプロモーション展開では，100万個のサンプルの主な配布先を幼稚園（予防発想のお洗濯啓発冊子23万部を配布）に絞り込み，雑誌は『サンキュ！』『ひよこクラブ』誌面上での使用実感レポートを掲載，子供向け衣料の通信販売へ同梱した．一方，コミュニケーション施策においても，女性向け日本最大のWEBサイト「ウィメンズパーク」とのタイアップページ掲載，TVCMも半年間に市場でも最大級となる宣伝量を投下した．

このように，商品価値にブランドの世界観を付与したネーミング，サンプリングによる使用経験，各メディアによる情報提供など，そのサービスデザイン価値を開発・発売当初よりマーケティング投資として設計したのである．その結果，2012年日経優秀製品賞，日経産業新聞賞受賞，産経リビン

グ新聞2012年助かりました大賞銀賞受賞，第25回ドラッグマガジン「ヒット商品賞」など数々の賞を受賞した．

## 20.7 残された課題

　エクストリーム・ユーザのメリットでもありデメリットでもある，ユーザの「誇張しがちなコンセプト」を出来る限り一般化，あるいは汎用化するために利用した，プロポジションというコンセプトは，多くのメンバーたちが参加して推進するための構造化ツールとしては有効ではないかと考えられる．今後は開発されたこのコンセプトやキラーワードを適用した商品や宣伝が，本当に効果的であったかどうかを客観的に測定していきたいと考えている．

## 参考文献

[1] 国立社会保障・人口問題研究所：日本の世帯数の将来推計（全国推計），p113，人口問題研究資料第329号，2013．
[2] フェルディナン・ド・ソシュール（著），小林英夫（訳）：一般言語学講義，岩波書店，1972．
[3] 丸山圭三郎：ソシュールの思想，岩波書店，1972．

　　　　　　　　　　［今井秀之，ライオン株式会社　シニアフェロー］

# 21章 顧客ニーズと価値理解の視座転換，サービス開発視点について（インフォバーン）
―抽象的ニーズの可視化と充足状態の理解によるサービスデザイン―

## 21.1 ユーザ中心の製品・サービス発想の重要性

　1999年にB. J. パインとJ. H. ギルモアが著書『経験経済』[1]の中で，「消費者は単に商品やサービスを消費するのではなく，その消費から得られる体験そのものに価値を見出す」と述べ，消費者が価値を感じる対象が近年，「コモディティ（素材）」からそれらを加工した「製品」に，さらに製品を消費する際に与えられる「サービス」に向かい，最終的にはそれら全体を通じて消費者自身が得る包括的な「経験」に向かっている，という考え方を提唱した．

　これはつまり，企業が消費者から求められている提供価値が「機能的な便益」から「情緒的な感情」に移行してきた，ということであり，企業にとっては具体的で有形なものから，意味的で無形のものという，簡単には掴みづらいニーズを理解する必要性が増しているということでもある．

　多くの企業は一言目には「お客様のために」という言葉を使う．

　勿論，多くの良識ある企業は当然顧客のことを考え，顧客に喜ばれるために何が必要か？　を考えながら製品やサービスを考えていることだろう．

　しかし，ここでより重要になることは，企業が見ている顧客にとって必要であろうと考えられる経験と，顧客自身が直面し求めている経験が，果たして同じ視野の中にあるか？　という点である．企業が自社の視点から見ている顧客が求める価値と，顧客自身の視点から見えている（製品やサービスを通した）実際の経験や期待は，ひょっとしたら少しばかり異なっているのではないだろうか．

　本章では，これまで事業者側が曖昧に理解していた「顧客にとっての価値」を，深く探索することを試みた事例を紹介する．

## 21.2 本質的なユーザニーズ理解を起点としたサービス発想の事例

### 【株式会社教育測定研究所のチャレンジ事例】

筆者が所属する株式会社インフォバーンのユーザエクスペリエンスデザインチームが担当した事例を1つ紹介したい．

英検（英検実用英語技能検定）を運営する公益財団法人日本英語検定協会（以下「英検協会」）と共同で事業を運営する株式会社教育測定研究所（以下「JIEM」）は，来る2020年のオリンピックイヤーをはじめ，今後ますますグローバル化が必要とされる昨今の社会情勢の中で，次時代の担い手となる現在の中学生および高校生を中心とする若い英語検定受験層に対して，今後いかなるサービスを提供すべきかを発想するために，中高生のリアルな関心事や思考傾向，彼ら彼女らにとって「英語を学習する本質的価値とはなにか？」を深く探索する取り組みを模索している．

当社では，教育分野における教育測定技術の研究・開発を行うJIEMが取り組む，中高生にとっての英語学習に関する価値探索に協力すべく，いくつかの特定条件で選出した中高生に対してインタビューと観察を中心とした質的調査手法によるリサーチを行った．

リサーチから価値の明確化と可視化を基に，インサイトと分析に至ったプロセス（**図21.1**）を紹介しよう．

図21.1　価値探索プロジェクトのプロセス概要

被験者選定にあたっては，英検協会とJIEMが運営する英語学習支援サービス「英ナビ！」（**図21.2**）の登録会員の中から一定数の母集団を抽出し，学習意識や嗜好性などの傾向を見るための簡単なWebアンケートを実施した．アンケートによって得られた回答傾向と学年，居住地域などの条件によってインタビュー候補者の優先度付けを行い，最終的に中学1年生から高校2年生までの9名をインタビュー被験者として選定した．

## 21.2 本質的なユーザニーズ理解を起点としたサービス発想の事例

図 21.2 英検協会と JIEM が運営する英語学習支援サービス「英ナビ！」
(http://www.ei-navi.jp/)（2016/04/26 参照）

インタビューは被験者自宅訪問による対面方式で，半構造化質問法によるいわゆる「デプスインタビュー」手法にて実施した．「英語学習」と聞いて頭の中に浮かぶ様々な要素を引き出すきっかけづくりをするために，「脳内マップ」と呼ばれるツールなどもアイスブレイクに用いながら，我々調査チームが聞きたいことではなく「被験者自身が語りたかったこと」を引き出すことを主眼に置いた（**図 21.3**）．

今回のプロジェクトでは，前述の調査を経て得られた質的に深い一次情報をもとに，KA 法と呼ばれる質的情報分析手法・価値抽出手法を用いた．KA 法とは，特徴的な発言や行動などの一次情報をインタビューや観察から抽出し，その発言や行動に潜んでいる「心の声」を推察，さらに「心の声」の背景にある「価値」に落としこむことで，様々な文脈を含んだ質的情報から純粋な価値に変換していく価値分析手法である（**表 21.1**，**図 21.4**）．この手法は，紀文食品の浅田和実氏が食品の新商品開発のために開発し，今では定性情報を分析するための手法として広く活用されている．

このような分析手順を経ることで，被験者が持つ期待価値や未充足価値の抽出と分析を行った結果，当初から仮説としてあった「受験・試験対策としての価値」や「将来のスキル習得価値」などの直接的な実利価値について

21章 顧客ニーズと価値理解の視座転換,サービス開発視点について(インフォバーン)

**図 21.3 実際の自宅訪問によるデプスインタビューの様子**
「英語学習」に関して象徴的に想起する風景やモノをスマホで撮影してもらうよう事前に依頼した.画像や,前述の脳内マップを見せてもらいながら考えや思いを引き出す手法も複合的に用いた.

**表 21.1 価値抽出のための KA カードフォーマット例**
※記載内容はダミーサンプルで本事例とは関係がありません

| No. | 発話やしぐさ(ファクト) | 心の声 | 価値 |
|---|---|---|---|
| 1 | 割とあのー,結構何十年たってもしっかりしてるのが多いので | 安心して長く使いたい | ひとつのものを長く使える価値 |
| 2 | プラスチックとかだったら古くなると,こう,みすぼらしくなるのがいや | 古くなって良さを失うのがいやだ | 時間の経過も楽しんで愛用できる価値 |
| 3 | 紙のほうが捨てるときも,あのー,かさばらないですし | 捨てるときに面倒を感じたくない | 手間をかけずに処分できる価値 |
| 4 | デザインが地味だけど,オシャレかな,と思って | 「自分にだけわかる良さ」を大事にしたい | 人とは違う価値に気づくことができる価値 |
| 5 | (他のものが)欲しいと思わないくらいのやつを見つければいいなと思って | 「あれにすればよかった」と後から後悔したくない | 自身でベストだと納得できる価値 |

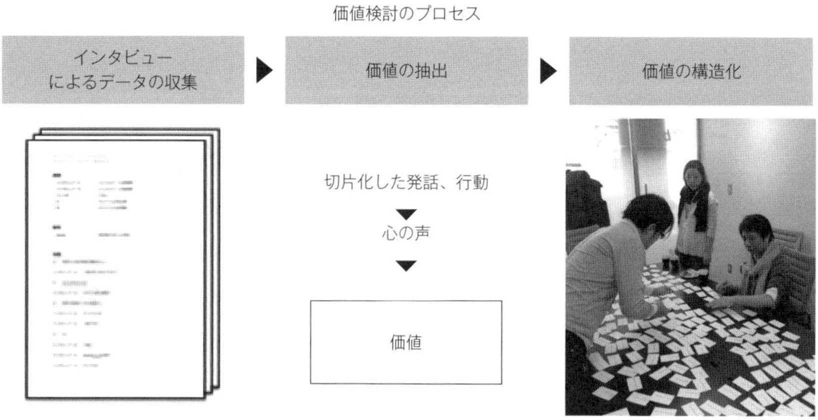

## 21.2 本質的なユーザニーズ理解を起点としたサービス発想の事例

価値検討のプロセス

図21.4 KA法を用いた価値抽出手順の概要

は，予想通りあらためて明確化された．しかし，その他にも「自分らしさを獲得できる価値」や「やればできると思える価値」，「（自分のレベルがどのくらいか）英語力がわかる価値」などの価値に非常に強い期待を抱いており，現在の未充足として存在していることが発見された．**図21.5** がこれらの価値群を「統合価値マップ」と呼ばれる形に可視化したものである．

加えて興味深いのは，図21.5から分かるように，個々の期待価値が相関性をもった価値構造を持っているのではなく，それぞれの価値が放射線状＝同等の価値をもって存在していることである．これは，自我の成長期でもあり，同時に進級や受験という自身の進路を考えながら模索を繰り返す時間でもある「中高生時代」という独特の意味をもった時期ならではの特徴であるのではないかとも捉えることができる．

今回の取り組みによって，これまで漠然としか理解できていなかった中高生にとっての英語学習価値の明確化と理解ができたのと同時に，今後提供すべきサービスやプロモーションなどの具体的施策につながるアイディアの創出ができた．

特に，

① ツールとして認識される英検や定期テスト
② 「英語」のイメージや印象の曖昧さ
③ 実用英語と英語学習の乖離

## 21章 顧客ニーズと価値理解の視座転換，サービス開発視点について（インフォバーン）

図21.5 完成した，中高生にとっての「英語学習」に関する統合価値マップ

④「損」をしたくない—効果と効率

⑤「自分らしさ」VS「他人任せ」

の5つのインサイトが，英検の目指すビジョンとのギャップや改善示唆につながる可能性を持ち，学生のそもそもの学習意欲に強く相関があると考えられるという点で，今後のサービス施策への反映余地が見込める．

現在JIEMでは，これらの気付きと発想されたアイディアを活用しながら，前述の「英ナビ！」を中心にさらなるサービス拡充に取り組んでいる．

## 参考文献

[1] B.J.Pine, J.H.Gilmore: The Experience Economy: Work Is Theater & Every Business a Stage, Harvard Business School Pr, 1999（電通「経験経済」研究会訳，経験経済—エクスペリエンス・エコノミー，流通科学大学出版，2000）.

[井登友一，インフォバーン株式会社　取締役執行役員]

# 22章 サービスデザインを生む人材育成（シャープ）
―サービスデザインに必要なスキルと「UX塾」活動の紹介―

## 22.1 デザイン領域の拡大

　家電メーカーのデザイン部門のマネージャーの立場から，サービスデザインのような新たなデザイン領域に対応できる人材育成の実践事例を紹介したい．

　デザインの領域が拡大し続けている．従来メーカーは製品単体，オーブンレンジであればオーブンレンジ単体，温めるという機能そのものを顧客に提供してきた．しかし温めるという機能だけでは各社横並びとなり，顧客に響かなくなった．そこで顧客の「食」に関するニーズを，サービスも含めて統合的に満たそうと考えるようになった．例えばオーブンレンジと冷蔵庫がインターネットの料理サイトと連動し，冷蔵庫の中身にあわせて毎日の健康的な献立を提案する，調理方法を自動的にオーブンレンジにダウンロードする，足りない食材はネットスーパーに発注できるようにする，などである．デザイナーは，製品の外観や製品UIのデザインだけではなく，サービスのあり方やビジネスの仕組みまでを提案することを求められる時代になった．

## 22.2 サービスデザインに必要な能力

　サービスをデザインするデザイナーは，ビジュアライズなど従来のデザインスキルに加えて，新たなスキルを身につけ変化に対応することが求められる．そのためのプロセスは**図22.1**に示すが，大きくは次の2つのスキルと言える．

**(a) 顧客の理解とビジネス構築のスキル**

　サービスを提案するためには，顧客の深いニーズを把握する行動観察やインタビューのスキルに加えて，ビジネスとして持続可能な仕組み（ビジネスモデル）を構築できるビジネス視点，関係者を巻き込んで合意形成するファ

シリテーションスキルなどが必要である.

**(b) テクノロジーのスキル**

サービスのベースとなるインターネットは変化のスピードが速い.早い段階でプロトタイプを作り,短いサイクルで検証フィードバックの HCD (Human-Centered Design) プロセスを回すためには,プログラミングやクラウドなどの技術知見が必須である.

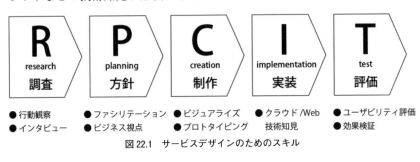

図 22.1 サービスデザインのためのスキル

## 22.3 従来の人材育成

従来,企業デザイン部門における人材育成は,人事担当者が企画する集合研修と OJT (On-the-Job Training) が主体であった.

どちらも見識・スキルに優れた者が後進を指導する方法であり,上位者が業務に必要とされるスキルに長けている,そうでなくとも把握・理解していることが前提である.デザインの領域が固定的であるときは,この方法は効率が良かった.しかし,サービスデザインのように求められるスキルが速いスピードで変わり続けている分野では,変化のスピードについていけないという弊害が出てきた.

## 22.4 変化に対応する人材育成「UX 塾」

我々の部門は,家電製品や B to B サービスの UI・UX デザインを行う部隊で,若手の構成比率が高い.変化に対応できる人材育成は緊急かつ重要な課題であった.そのため,2013 年 1 月から「UX 塾」と呼ぶ仕組みを推奨しはじめた.UX 塾とは,デザイナーが自分が学びたいこと・教えたいことを

テーマに自主的に立ちあげる勉強会である．雰囲気は，学校のクラブ活動に似ている．

　テーマ，講習の方法，開講時間・回数は主催者本人が決定する．そして，部門内のデザイナーに（ときには部門外にも）「興味のある人はこの指とまれ」的に受講希望者を募る．興味のあるメンバーは自分の意思で参加を決める．主催者本人は参加者に教えることがモチベーションとなって，手法の学び直しやノウハウをまとめることでよりスキルが向上する．参加者は新たなスキル学習のきっかけを得ることができる．

### (a) 事例 1：行動観察塾

　B to B のサービスデザインプロジェクトに参加したメンバーが，自身が行った行動観察で得たノウハウをテーマに，主催者として「行動観察塾」を立ち上げた．参加者には，自分が行った行動観察のプロセスや成果を整理して説明し，結果をまとめるためのフォーマットを提供した．実際のプロジェクトでの失敗事例も話した．その上で簡単なトライアルテーマを設定して，参加者に実際に行動観察から課題抽出を行わせた．塾終了後，参加者の 1 人は，主催者にアドバイスをもらいながらその後の自分の業務に行動観察を取り入れることができた．

### (b) 事例 2：電子工作塾（図 22.2）

図 22.2　電子工作塾の風景

　「電子工作塾」では，学生時代からメディアアートを手がけており受賞暦もあるメンバーが講師役になり，アルデュイーノなど初心者でも簡単に扱え

るマイコンボードを使った電子工作のワークショップを開いた．参加者は簡単なプログラミングを書き，マイコンボードやセンサー，LEDライト，モーターなどを使って実際にプロトタイプを作った．この塾はシリーズで行われ，社内のソフトエンジニアを招いて，より専門的なプログラミングについて学ぶこともあった．参加者の1人は，その後の業務でプリンタのデザインモデルにライトアップする操作部を組み込み，提案の説得力を増した．

## 22.5 UX塾の運用

UX塾の運用は原則としてメンバーに任せている．なぜなら，変化の激しい時代においては，指示待ちの姿勢でなく，自分で考えて自発的に行動し気づきを得ることが最も重要だと考えているからである．

ただ，マネージャーとして継続的にUX塾の仕組みが回るよう心がけていることがある．

①全員が塾の主催者に

　メンバーの得意分野を考慮して「そのテーマでUX塾をひらいてみたら」と声がけしている．特定の個人に塾の主催や運用が偏ると負担感が増えて長続きしない．社外のセミナーに参加しそのノウハウを伝えるだけでも充分なので，気軽に主催者になるよう奨励している．

②テーマ選択のバランス

　テーマ選択はメンバーの自主性に任せているが，どうしても技術寄りのテーマが増える傾向がある．ビジネス系のスキルがもっと必要だと感じた場合は，マネージャーが主催者となってビジネス塾を開催するなど，バランスを取るようにしている．

③経費と時間

　社外講師の謝礼やプロトタイプの部品代などは会社が経費として負担する．塾の開催時間はケースバイケースだが，業務に密接なテーマは業務時間内に，個人の興味が先行するテーマは時間外に行うようにしている．

## 22.6 UX塾の効果

①開催テーマと開催数

われわれの部門には30名ほどのデザイナーがいる．UX塾の取り組みを始めてからの3年間で，25テーマの塾が開催された（**表22.1**）．取り上げたテーマは時代を先取りする内容が多く，変化への対応に役立っている．

表22.1　UX塾の開催テーマ例

| | | |
|---|---|---|
| 1 | 業務で得たノウハウと反省点を教えるテーマ | ・行動観察塾（先述）<br>・特許の講習会 |
| 2 | 自身の得意分野を教えるテーマ | ・電子工作塾（先述）<br>・プロジェクションマッピングワークショップ<br>・注目される最新技術の講習会 |
| 3 | 社内外のセミナーで得た知識をトライアルするテーマ | ・プレゼンのための英語ワークショップ<br>・3Dプリンタ使い方説明会 |
| 4 | 社内外のエキスパートを招いて講習会を企画するテーマ | ・社内名物企画マンによるヒット商品発想メソッド講習会<br>・社外クリエイターによる映像制作講習会 |
| 5 | 学びたいテーマでメンバーを集めて研究会とするテーマ | ・ワークショップファシリテーションなどのメソッド研究<br>・電子生命研究会 |

②メンバーへのアンケート調査の結果

自由参加にも関わらず，7割のメンバーが5件以上に参加している（**図22.3**）．また主催者としてUX塾を開催したメンバーが6割いて，主体的・自発的に活動している様子が伺える．自分のスキルアップに役立ったかという問いに対しては「非常に役立った」「役立った」をあわせると9割のメンバーが肯定的である．

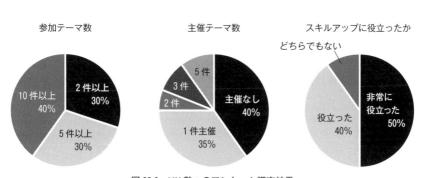

図22.3　UX塾へのアンケート調査結果

③UX塾のメリットと今後の課題

アンケートの自由回答から,メリットと今後の課題が読み取れる(**表22.2**).学びのきっかけやモチベーション維持,社内のノウハウの共有に役立っている.しかし,継続的なスキルアップの仕組みがないなどの課題もある.

表22.2 UX塾のメリットと課題

| メリット | 課題 |
| --- | --- |
| ・新しいこと始めるきっかけになる<br>・必要なポイントを短時間で学べて効率が良い<br>・だれがどんなノウハウを持っているかわかり,共有できる<br>・実務の具体例をあげて質問できる | ・忙しくて参加できない<br>・時間的制約から浅い内容になってしまう<br>・自主的・継続的にスキルアップする仕組みが必要 |

## 22.7 まとめ

サービスデザインという新たな領域のデザインに対応するために,我々の部門ではUX塾という自主勉強会の仕組みを通じて,新しく必要とされる情報とスキルのピックアップ,デザイナーの学びの意欲維持,スキルアップに取り組んできた.

この活動を通じて,自分で考えて自発的に動く風土作りができ,自ら変化する人材を育成できたことが一番大きな成果と言えよう.

## 参考文献

[1] Andy Polaine, Lavrans Løvlie, Ben Reason(著),長谷川淳史(監訳):サービスデザイン ユーザーエクスペリエンスから事業戦略をデザインする,丸善出版,2013.

[倉持淳子,シャープ株式会社 ブランディングデザイン本部]

# 23章 UXスキルを向上させるための社内人材育成への取り組み(NEC)
―利用者の体験(コト)を考慮することによる魅力的なサービスの創出―

## 23.1 はじめに

　サービス事業において，複数の顧客の共通ニーズを捉えてサービスを企画する場合や，SI（システムインテグレーション）事業において，個別の顧客のニーズを捉えてシステムを提案する場合には，UXの考え方や手法が有効である．UXの考え方では，システムやサービスを使う利用者の行動に注目して心理やニーズまで掘り下げて考えるため，本質的な課題を抽出し，新たな価値を創出しやすくなる．

　NECでは，このUXの考え方や手法を活用できる人材を育成する研修を実施しており，その内容を紹介する．

## 23.2 UXワークショップを取り入れたサービス企画

　新規サービスを企画するためには，顧客を消費者ではなく価値共創者として捉え，交換価値ではなく使用価値を重視し，顧客が製品を使う様々なシーンにおいてその価値を考えることが必要である．そこで，「ユーザが製品やシステムを利用するすべての体験を考え，出会い・購入・利用などの過程でユーザにより良い体験を提供する」というUXの考え方が重要となる．UXによるサービス企画を行うために，複数人の参加者が体験・協働して学びあいながらアイディアを出すワークショップ形式を取り入れている．UXワークショップは，前半は，サービスに関わるステークホルダーを洗い出し，ユーザ視点でアイディア発想することを重視し，後半は，サービス工学の知見を適用し，提案したサービスアイディアを具体化することを重視している．UXワークショップのステップは，(a)企画するサービスのコンセプトの確認，(b)ステークホルダーのモデル化，(c)ユーザ理解，(d)アイディア

開発，(e)サービス具体化の5つのステップからなる．

### (a) サービスコンセプトの確認

サービスコンセプトは，サービス企画の前提となるビジネス目標を確認し，メンバーの解釈や各自の思い入れを理解し共有して作成する．サービスコンセプトは，①サービスの魅力や独自性を一言で表現するキャッチコピー，②求められる効果，③領域・市場での位置付け，④ターゲットユーザの仮説，⑤ニーズ・ベネフィット，⑥利用シーン，⑦開発の必要条件の項目からなる．

### (b) ステークホルダーのモデル化

サービスは様々な人が関わるため，その企画においては，対象サービスの利用と提供に関わるステークホルダーを明確にして関係性を確認するステークホルダーのモデル化が重要である．利用に関わるステークホルダーとしては，実際に使う人以外にも，お金を払う人や管理者として使う人など，ニーズが異なる可能性が高い人を挙げておく．また提供に関わるステークホルダーとしては，ユーザにサービスを直接提供する人（フロント）や，サービスを運用するために必要な業務を行う人（バック）を洗い出す．

### (c) ユーザの理解

ユーザ中心のサービス企画においては，ユーザを理解することが重要である．ターゲットとなるユーザを理解するために，①ユーザ像の具体的な設定（ペルソナの作成）と，②ユーザのゴール（目標を達成した理想の姿）の設定を行う．

### (d) アイディアの開発

ユーザのニーズを満たすサービスのアイディアを出す「アイディア開発」を行うために，ユーザの行動を視覚化する「エクスペリエンスマップ」を作成する．エクスペリエンスマップは，ペルソナを作成したユーザについて，①ゴールにいたる行動・心理から，目前の改善ではない本質的なニーズ（新しい体験）を抽出し，その後に，②ニーズを満たすアイディアを記載していく．具体的な機能よりもユーザに提供する価値について話し合うことが重要である．

### (e) サービスの具体化

(a)から(d)の過程でユーザ視点により発想したサービスアイディアを，

(e)では，アイディアの実現方法をサービス提供者視点で整理し具体化していく．サービス具体化では，①ニーズを満たすサービスの実現手段を考え，②サービスの提供プロセスを設計する．

①サービスの実現手段の検討では，エクスペリエンスマップに挙げたニーズとサービスのアイディアに対して，ニーズを実現する機能，提供手段，リソースに展開する「要求展開ツリー」を作成する．次に，ステークホルダー情報と要求展開ツリーを用いて，どのステークホルダーが要求展開ツリーに記載したリソースのオーナーとなるか，「アクターマップ」を記載して整理する．

②サービスの提供プロセスの設計では，これまで検討してきた情報を整理する「サービスブループリント」を作成する．サービスブループリントは，ユーザがサービスを利用する流れと，サービス提供者がサービスを提供する流れについて関係を明らかにするものである．サービスブループリントには，エクスペリエンスマップに記載したユーザの行動の流れに合わせてユーザの利用シナリオを記載し，また要求展開ツリーのリソースを使ってサービス提供の流れを記載する．サービスブループリントを記載することによって，サービス機能の提供で不足している点が明らかになり，アイディアの実現性を確認することができる．(**図 23.1**)．

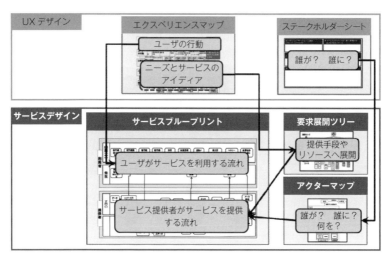

図 23.1　サービス企画の全体像

## 23.3 顧客との共創を取り入れた SI 提案

前節のサービス企画では，複数の顧客の共通ニーズを捉えることが重要であるのに対して，SI 事業では個別の顧客のニーズを捉えることが重要である．そこで，顧客のニーズに気づき，価値を創出し提案する「顧客との共創」のシミュレーションを取り入れた研修を行っている．この研修では，NEC 社員が顧客のニーズを捉えて IT 施策に結びつけるスキルを身につけるために，架空会社を対象とした提案活動の体験を，顧客と 4 つのプロセスで共創しながら進めていく．

### (a) 顧客の目標の明確化

「顧客の目標の明確化」は，プロジェクトのスコープや前提を，顧客を含むメンバーと共有するために重要である．顧客の目標を明確化するために，①会社情報の共有，②課題の洗い出し，③キーワード作成を実施する．研修の特徴としては，図 23.2 のように，実際の状況を想定し，顧客役と自社役を設定したロールプレイを実施して，①顧客への説明，②傾聴・ヒアリングなどを体験してもらう．また，第三者の目として観察者役が「フィードバックシート」を用いて，客観的なフィードバックを積極的にしていく．これら全体の進行を円滑に進めるために，テーブルファシリテーターがサポートする．研修受講者からは，「傾聴の重要さがわかった」「顧客役が良かった」など，実体験に近い共創の学習となっている．

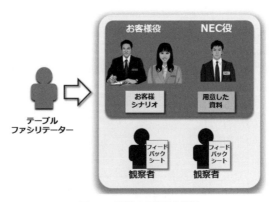

図 23.2　研修での役割分担例

### (b) ユーザ像と課題の理解

NECのビジネスの形態としては，B to B to CやB to B in Bが多いため，NECのユーザではなく顧客のユーザを検討していくことが重要である．ユーザが決まっていない場合には，顧客がターゲットとしたいユーザを選択するために，①ステークホルダー一覧の作成，②ターゲットとしたいユーザの選択をしていく．イメージをメンバー間で共有するため，③ユーザを具体化（ペルソナを作成）していく．さらに，選択したユーザに対して，④顧客と一緒にユーザの行動を視覚化する「エクスペリエンスマップ」を共創しながら作成していく．「エクスペリエンスマップ」では，先のサービス企画と同様に，(1)ゴールにいたる行動・心理からニーズ（新しい体験）を抽出し，(2)ニーズに対するアイディアを書き出していく．時系列でユーザの行動を追いながら考えることで，ブレインストーミングやユーザ起点での考え方に慣れていない人でも，新しいアイディアや気づきを得やすいというメリットがある．また，顧客と一緒に作成することで，顧客と異なる視点のアイディアを自分たちが提供することができることを体感する．

### (c) 施策の方向性の検討

発散したアイディアを収束させていくためには，一般的には，2軸法，C-BOXやPMI（Plus Minus Interesting），投票などがある．

NECでは，上記を活用したり独自の「アイディアシート」を用意して，これまでエクスペリエンスマップで出てきたアイディアをまとめている（**図23.3**）．

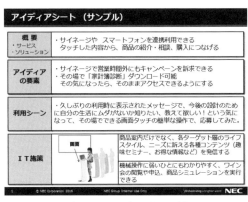

図23.3　アイディアシート例

アイディアシートでは，①アイディアの概要，②アイディアの要素，③利用シーン，④IT施策を記載する．利用シーンでは，イメージしやすいようにイラストを作成することもある．作成したシートは，顧客とのディスカッションに活用していく．

### (d) IT施策の具体化

利用シーンを具体化してIT施策に落としていくために，プロトタイプや具体的な利用シナリオなどの方法がある．研修ではメンバーがお互いに人や機能を演じることで，メンバー間でユーザの行動の共有や，利用シーンの明確化できる「アクティングアウト」を用いることがある．アクティングアウトにより，メンバーは一連の行動における行動の矛盾などの気づきを得て，新たな使い方につなげていくことができる．最初の時点では，ITの実現性などはあまり考えず，「あるべき姿」としてまとめ，そこから逆算して具体的な実現方法を考えていき，顧客向けの提案内容としてまとめていく．

## 23.4 おわりに

今回，NECの取り組みとして「UXワークショップを取り入れたサービス企画」と「顧客との共創を取り入れたSI提案」の2つの研修を紹介した．現在，これらの活動に必要なアセットの整備や，個々の手法（例：現場観察手法，インタビュー手法）に焦点を当てた研修も充実させようとしている．今後，このような研修成果を活かして，顧客に対して，新規サービスや，顧客との共創による価値創出に活用していく．

[井出有紀子，NEC　SI・サービス市場開発本部　技術戦略部]
[河野　泉，NEC　事業イノベーション戦略本部　デザインセンター]

# 索引

## 【欧字・数字】

2 軸で評価する .................... 98
3P タスク分析 ..................... 90
4 つのストーリー ................... 46
5 つの制約条件 ..................... 59
5P タスク分析 ..................... 92
5W1H1F（function）................ 76
70 デザイン項目 ............... 66, 86
CSCW（Computer-Supported Cooperative Work）.............. 69
desirable .......................... 58
HMI の 5 側面 ..................... 66
IoT ............................. 148
life course ....................... 108
life cycle ........................ 108
life style ........................ 108
reframe ........................... 12
REM ............................. 93
story ............................. 4
subtask ........................... 33
SysML（System Modeling Language）
 ........................ 113, 114
task .............................. 33
UML（Unified Modeling Language）
 ........................ 113, 114
usable ............................ 58
useful ............................ 58
UX 閾値 ........................... 31
UX 塾 ............................ 210
UX タスク分析 ................ 34, 35
UX デザイン ..................... 170
UX 度 ....................... 35, 52
UX の下位構造 .................... 27
UX の構造 ........................ 26
UX の上位構造 .................... 29
UX の生成プロセス ................ 26
UX の蓄積 ........................ 31
UX の流れ ........................ 33
UX ワークショップ .............. 215
UX（User Experience）.......... 4, 23
V & V 評価 ................. 72, 121
validation ....................... 121
verification ..................... 121

## 【あ】

アイディアシート ................. 219
愛らしい .......................... 48
アウトプットの制約条件 ........... 60
アクターマップ ................... 217
アクティビティ図 ................. 115
アクティブリスニング法 ........... 88
アクティングアウト ............... 220
憧れの感覚 ........................ 46
憧れる ............................ 48
新しい組み合わせ ................. 31
安全性 ............................ 77
安全性（PL）項目 ................. 67
意外性 ............................ 31
位置関係（姿勢）.................. 66
医療機器 ........................ 169
インスペクション法 .............. 121

索　引

インプットの制約条件............... 60
うれしさの循環.................... 170
運用的側面.................... 66, 128
運用面（メンテナンスや収納など）を観察
　する............................ 83
エクストリーム・ユーザ........... 197
エクスペリエンスマップ....... 216, 219
エコー............................ 165
エコロジーデザイン................ 67
大まかな基本方針.................. 17
大まかな枠組みの検討.......... 69, 75
お節介............................ 193
驚く.............................. 48
オフィスプランニング.............. 157
面白い............................ 48
温度.............................. 66

【か】

外延.............................. 63
架空のストーリー.................. 47
拡張性............................ 76
獲得の感覚........................ 45
可視化.................... 18, 72, 113
家事行動.......................... 196
仮想コンセプトを考える............ 85
価値中心主義...................... 9
簡易サービスチェックリスト.... 103, 126
環境的側面.................... 66, 128
環境面から観察する................ 83
関係者の明確化................... 108
観察方法.......................... 83
感性デザイン項目.................. 66
間接観察法........................ 88
寒天モデル........................ 6
感動.............................. 48
機械からの反応時間................ 66
企業や組織の理念の確認........ 17, 69
企業や組織の理念の確認を行う...... 75
気配り............................ 128

記号論............................ 195
基準の動作との差異を観察する...... 85
帰属的価値........................ 194
期待.......................... 48, 76
機能性........................ 31, 76
機能中心主義...................... 8
休憩時間.......................... 66
共創.............................. 218
許容制約条件.............. 61, 62, 63
気流.............................. 66
空間の制約................ 55, 56, 63
経験価値.................... 170, 194
経済的制約................ 55, 56, 63
形態.............................. 31
限界制約条件.............. 61, 62, 63
健康経営.......................... 157
現実のストーリー.................. 47
検証.............................. 121
交換価値.......................... 15
抗菌力............................ 201
構造化コンセプト............. 72, 109
行動観察.......................... 211
効率性............................ 76
五感から得る感覚.................. 46
顧客志向.......................... 26
心地よさ.......................... 48
こだわり.......................... 26
コレスポンデンス分析.............. 99
痕跡を観察する.................... 84

【さ】

サービス.......................... 24
サービス工学...................... 215
サービス事前・事後評価法.......... 123
サービス提供者と顧客とのやり取りを観察
　する............................ 86
サービスデザイン............. 25, 170
サービスデザインの定義............ 4
サービスデザインの必要性.......... 11

サービスブループリント............217
最新のストーリー....................46
再定義...............................7
作業時間............................66
サブタスク......................33, 90
サポートサービス...................123
様々なデザイン......................2
シーン.............................117
時間的制約.................55, 57, 63
時間的側面....................66, 128
色彩................................31
市場でのポジショニング............72
システム（組織）の方針.............66
システムの概要...........17, 69, 77
システムの詳細...............18, 72
システムの定義....................16
システムの範囲による制約条件......60
システムの明確化.................109
自然，社会・経済環境条件による制約条件
...................................60
親しみを持つ......................48
質感................................31
湿度................................66
社会的価値.........................15
社会的制約.................55, 56, 63
社会的責任.......................193
社会的な価値と組織の経済的な価値の両立
..................................193
重回帰分析.......................102
重要度............................103
従来のデザイン方法................12
使用価値...........................15
情報入手...........................91
情報の共有化......................66
照明................................66
人材育成.........................209
深層心理（インサイト）..........194
身体的側面...................66, 128
人的資源...........................77

振動................................66
信頼性.............................76
ステークホルダー............216, 219
ストーリー（物語）............4, 24
頭脳的側面...................66, 128
清潔意識.........................194
生産性.............................77
製品・システムに関わる制約...55, 57, 63
制約条件...........................53
制約条件に基づく発想手順........62
制約条件に基づく発想法..........61
世帯構造.........................194
洗濯用洗剤......................196
騒音................................66
操作................................92
組織................................77
組織固有の真価..................193
その他（HMIの5側面など）（5項目）.67
ソフト（コト）......................6

【た】

ターゲットユーザの明確化........105
態度..............................128
タスク......................33, 64, 90
タスク後に得られる感覚（達成感，一体
　感，充実感）....................45
タスクシーン発想法................95
脱コモディティ戦略..............188
達成手段の制約条件...............60
妥当性の確認....................121
楽しさ.............................77
多様なユーザの特徴を理解し観察する.86
知識................................21
超音波画像診断装置..............165
適切な対応......................128
デザイン............................3
デザインイメージ...................31
デザインの歴史.....................2
電子工作.........................211

索　引

東芝デザイン手法 ................. 171
トップダウン式 ................... 111
トルク ............................ 66

【な】

内包 .............................. 63
二項対立 .......................... 63
尿意の代替 ....................... 166
人間自身とのやり取り .............. 45
人間中心主義 ....................... 9
人間と機械・システムとの役割分担 .. 78
人間に係る制約（思考，感情，身体）
　　　　　　　　　　　 ..... 55, 58, 63

【は】

ハード（モノ） ..................... 6
パフォーマンス評価 ............... 126
判断 .............................. 91
人―環境のやり取り ................ 44
人―システムのやり取り ............ 44
人―人のやり取り .................. 44
非日常性の感覚 .................... 45
費用 .............................. 77
評価 ........................... 18, 72
評価グリッド法 .................... 89
フィット性 .................... 31, 66
ブランド ......................... 195
フレーム .......................... 16
フレームワーク .................... 21
プログラミング ................... 158
プロトコル解析 ................... 125
プロポジション ................... 198
雰囲気 ............................ 31
文化的制約 .................. 55, 56, 63
ペルソナ ......................... 216
膀胱用超音波画像診断装置 ......... 165
ボトムアップ式 ................... 110

【ま】

マズローの欲求5段階 .............. 199
饅頭モデル ......................... 6
満足する .......................... 48
満足度 ........................... 103
見やすさ .......................... 66
魅力性 ............. 48, 58, 77, 101, 129
メインサービス ................... 123
目利き ............................ 21
メンタルモデル ................. 59, 66
メンテナンス ...................... 77
メンテナンスデザイン .............. 67
メンバーの活性化（モチベーション）.. 66
モーション ........................ 90
目的 .......................... 69, 76
目標 .......................... 69, 76
モチベーション ................... 211

【や】

ユーザインタフェースデザイン項目 .. 66
ユーザ体験 ..................... 4, 23
ユーザテスト .................... 121
ユーザとシステムの明確化（仕様書）.. 72
ユーザビリティ .................... 77
ユーザや作業の流れを観察する ...... 86
ユーザ要求事項の抽出 .............. 72
ユースケース図 ................... 114
有用性 ............. 48, 58, 77, 101, 129
ユニバーサルデザイン項目 .......... 66
要求展開ツリー ................... 217
喜ぶ .............................. 48

【ら】

ライフコース ..................... 108
ライフサイクル ................... 108
ライフスタイル ................... 108
ラダーアップ ...................... 89
ラダーダウン ...................... 89

| 理解 | 91 |

リフレーム............. 7, 12
利便性........ 31, 46, 48, 58, 77, 101, 129
リリアム α-200.................. 165
歴史のストーリー.................. 46
ロバストデザイン.................. 67

## 【わ】

ワークサイズ..................... 157
わかりやすさ..................... 66

## 【編著者紹介】

**山岡　俊樹**（やまおか　としき）

| | |
|---|---|
| 1971年 | 千葉大学工学部工業意匠学科卒業 |
| 同　年 | 東京芝浦電気株式会社入社 |
| 1991年 | 千葉大学自然科学研究科博士課程修了 |
| 1995年 | 株式会社東芝デザインセンター担当部長，（兼）情報・通信システム研究所ヒューマンインタフェース技術研究センター研究主幹 |
| 1998年 | 和歌山大学システム工学部デザイン情報学科教授 |
| 2014年 | 京都女子大学家政学部生活造形学科教授，和歌山大学名誉教授，現在にいたる |
| | 学術博士 |

### 【専　門】

人間工学（日本人間工学会認定　人間工学専門家），ユーザインタフェースデザイン，工業デザイン，ユニバーサルデザイン，製品開発，サービス工学，観察工学，米国人間工学会（HFES），ISO・TC159（人間工学）委員，Universal Access in the Information Society（UAIS）Journal の editor 他を担当．

---

**サービスデザイン**
フレームワークと事例で学ぶサービス構築
*Service Design*
*A Construction and Evaluation Method of*
*Service and the Examples*

2016年6月25日　初版1刷発行

検印廃止
NDC 501.84, 675
ISBN 978-4-320-07198-8

編著者　山岡俊樹　Ⓒ 2016
発行者　南條光章
発行所　**共立出版株式会社**
〒 112-0006
東京都文京区小日向4-6-19
電話　（03）3947-2511（代表）
振替口座 00110-2-57705
URL http://www.kyoritsu-pub.co.jp/

印　刷　精興社
製　本　協栄製本

一般社団法人
自然科学書協会
会員

Printed in Japan

---

JCOPY ＜出版者著作権管理機構委託出版物＞
本書の無断複製は著作権法上での例外を除き禁じられています．複製される場合は，そのつど事前に，出版者著作権管理機構（ＴＥＬ：03-3513-6969，ＦＡＸ：03-3513-6979，e-mail：info@jcopy.or.jp）の許諾を得てください．

# デザイン人間工学
## 魅力ある製品・UX・サービス構築のために

山岡俊樹[著]
A5判・216頁・定価(本体2,800円＋税)・ISBN978-4-320-07192-6

デザイン人間工学は，人間工学とデザインが融合した世界において，そのフレームワークに従って開発・デザインを行うことにより，誰でも70点以上のアウトプットを期待できる方法である。本書ではこのデザイン人間工学のフレームワークを具体的かつ実践的に解説する。

### CONTENTS
まえがき／デザイン人間工学とは／マネージメント／ユーザ要求事項／コンセプト，可視化／評　価／安全デザイン／デザイン／サービスデザイン／汎用システムデザイン／デザイン人間工学を活用した事例／索引

# ヒット商品を生む観察工学
## これからのSE，開発・企画者へ

山岡俊樹[編著]
A5判・232頁・定価(本体2,900円＋税)・ISBN978-4-320-07169-8

製品開発に役立つ観察方法は，人間-機械（システム）・環境系における人間や機械の状態を把握し，製品開発のリクアイアメント(要求事項)を抽出することにある。本書は製品開発にかかわる観察方法を初めて体系化すると共に，データ処理方法も明記することで予備知識がなくともリクアイアメントが採れるような実用的視点で編纂・解説する。

### CONTENTS
まえがき／観察工学の方法／行動観察の方法と実例／観察法によるユーザ要求事項の把握／メーカにおける行動観察の事例／間接観察法／参考文献／索引

（価格は変更される場合がございます）

http://www.kyoritsu-pub.co.jp/
https://www.facebook.com/kyoritsu.pub

**共立出版**